U0213802

Objectives
Starting Point
Resources
Workflow
Results
Idea
Results
Workflow
Resources
Ideas

SHUXUE XIAO JINGCHA

数学小警察 ②

一网打尽

许霜霜 吴剑◎著

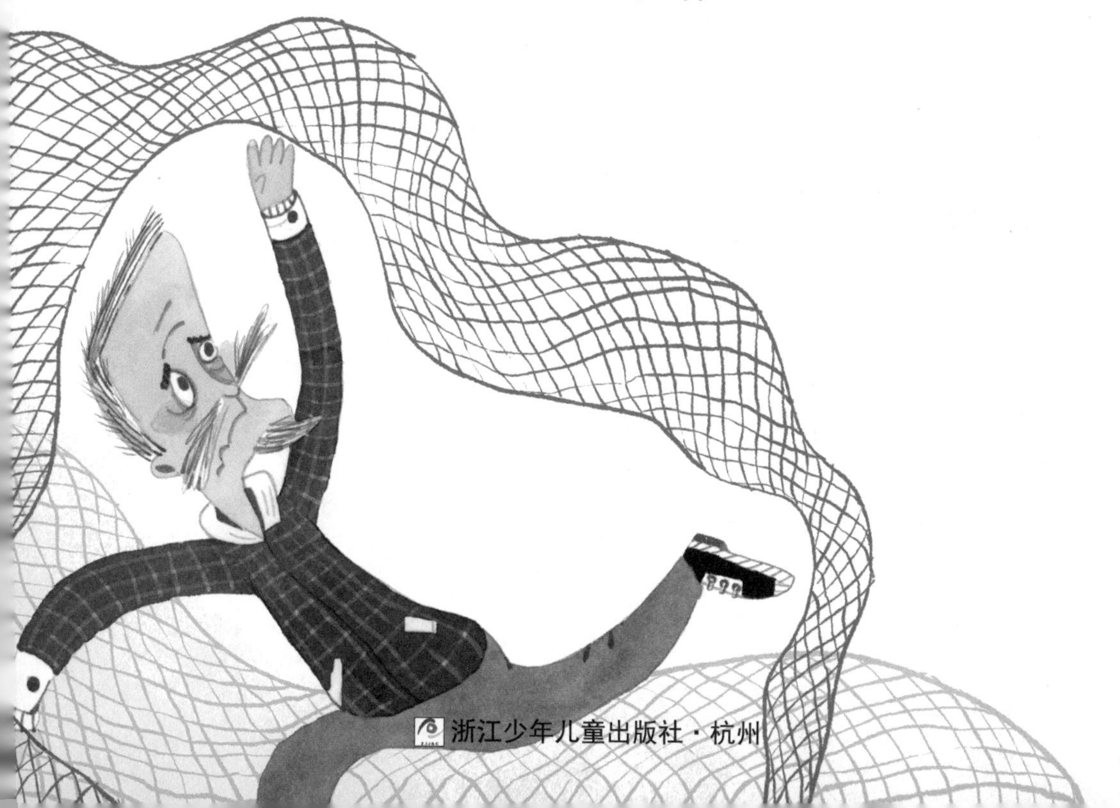

浙江少年儿童出版社·杭州

给小朋友们的一封信

小朋友们：

你们好！告诉大家一个好消息，好玩的“数学小警察”夏令营马上就要开营啦……什么？我听见有人在说，数学不好玩。

哈哈，无论你是喜欢数学，害怕数学，还是讨厌数学，都没有关系。因为从现在开始，有三个可爱的小伙伴将带领你们参加一个特别好玩的“数学小警察”夏令营。在那里，你们会发现，数学原来这么有趣！最厉害的是，你们还能用数学帮助警察叔叔破案呢。

你们是不是觉得很神奇啊？那还等什么，赶紧跟着小伙伴们出发吧！

霜霜老师

给小警察们的一封信

小朋友们：

你们好！听说你们都想穿上警服，成为维护正义的警察，真是太棒了！

不过，当警察可不是一件容易的事。这不，有三个和你们一样的小伙伴——大雄、小宇和小妍，他们在警察叔叔的带领下，用正义、勇敢、智慧战胜了一个又一个既惊险又有趣的挑战，成为了名副其实的小警察。他们说，学好本领，破案件、抓坏蛋的感觉真是太酷了！

怎么样，你们敢不敢和他们一起去挑战呢？来吧，数学小警察的旅程等着你们！警队期待你们的加入！

警察叔叔　吴剑

马大雄： 自称“超警侠”。8岁，性格外向，身体强壮，热爱体育运动，拥有强烈的正义感，从小立志当一名警察，人称“勇猛雄”。

严小妍： 自称“美警侠”。7岁，性格活泼，古灵精怪，热爱阅读，尤其喜欢传统文化，人称“才女妍”。

夏小宇： 自称“帅警侠”。7岁，性格内敛，喜欢数学，知识面广，擅长理性分析，人称“学霸宇”。

花朵朵

8岁，马大雄的邻居加同学，学习成绩好，是大雄眼中的“死对头”，是大雄妈妈经常挂在嘴边的“别人家的好孩子”。

白翔

8岁，身材瘦高，长期学习跆拳道，喜欢和马大雄抢风头。

秦警官： 派出所民警，负责华府小学片区的治安巡逻。

坦克教官： 市少年警校的教官，肌肉发达，警务技能超强。

华师傅：华府小学人工智能“虚拟校长”，穿西装的小男孩形象。

熊猫局长：市警察局人工智能“虚拟局长”，穿警服的熊猫卡通形象。

目录

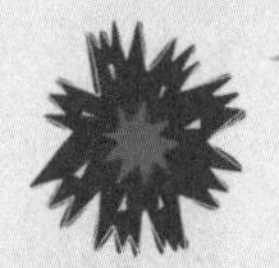

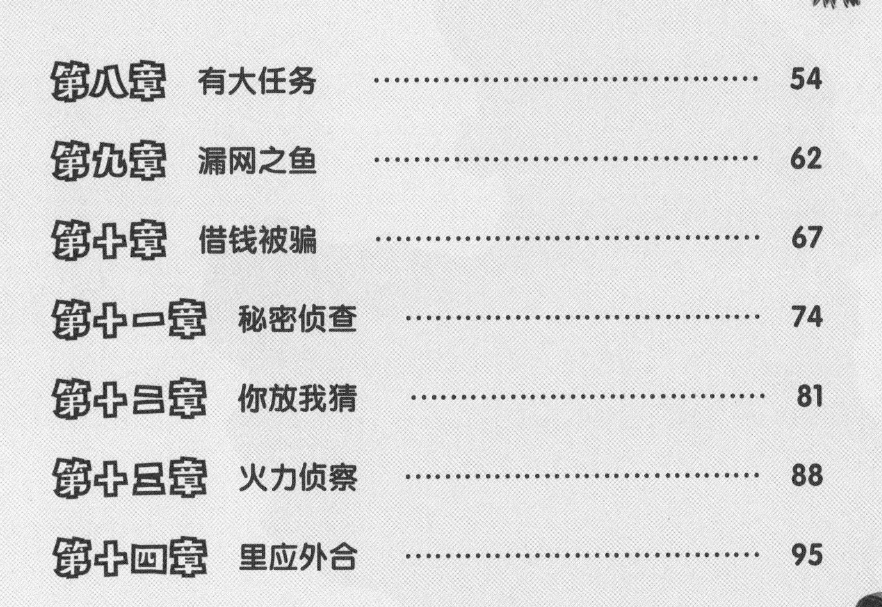

第一章 魔鬼罗盘

“数学小警察”夏令营活动终于开始啦！这一天，马大雄穿上了帅气的小警察训练服，起了个大早来到少年警校。夏小宇、严小妍、花朵朵，还有其他入选的同学们也陆陆续续到了。

“哇，大雄，你穿上警服酷酷的！”小妍一见到大雄就竖起了大拇指。

“嘿嘿！”大雄有点不好意思地挠了挠脑袋，不过他的心里可是美滋滋的，“小妍，你穿上警服也和平时完全不一样了。以后，你不仅是才女妍，还是美警妍呢！”

“美景妍？”小妍歪着脑袋想了想，“是不是说穿上警服就像一道美丽的风景？”

“不是景色的‘景’，是警察的‘警’！”大雄解释道，“你是一位既美丽又勇敢的女警察。对了，我们中国有会功夫的大侠，外国也有很厉害的蜘蛛侠、钢铁侠，干脆我就叫你美警侠吧！”

“美警侠?”小妍眨了眨眼睛，“哈哈，我还挺喜欢这个名字的。”

“那你也给我起一个吧!”这时，小宇笑着走了过来。

“小宇嘛，让我想想……”大雄抬起头，认真想了想，“有了!小宇，你穿上警服这么帅气，就叫帅警侠怎么样?”

“真有意思，那我就是帅警侠了!”小宇开心地说，“对了，大雄，那你自己呢?”

“我已经想好了!”大雄学着健美运动员的样子，屈起手臂，展示出隆起的肌肉，“我就叫超警侠，像超人一样厉害的超级无敌警察!”

“嘿嘿，也不害臊!”没想到，大雄身后传来反对的声音。

“你是谁?”大雄转过头，看见一个同样穿着警察训练服，个子高大的男孩。

“我是谁不重要。”男孩微微仰起头，自豪地说，“至少我是经过层层考验进入数学小警察夏令营的。不像某些人，明明已经被淘汰了，是靠运气好才挤进来的。”

“你说什么?”大雄的脸噌的一下红了，说道，“我们是因为抓到了大盗‘狐狸’，在追狐行动中立了大功，所以光明正大地成为小警察的!”

“那是你的运气好!”男孩一副不以为然的样子，“我是没有碰到

机会，如果被我碰到，一定能更快抓到‘狐狸’。”

“我知道他是谁。”小妍轻声对大雄说，“他叫白翔，全市少年跆拳道大赛的冠军。”

“别得意啊！”大雄不甘示弱，“我们至少已经抓到过大盗了。不像某些人，只会在这里耍嘴皮子。”

“你……”这回，轮到白翔的脸涨得通红了，他气鼓鼓地说，“以后有的是机会。等着瞧，看看谁才是最厉害的小警察！”

“奉陪到底！”大雄挺起胸膛说。

“集合——”正在这时，随着一声洪亮的口令响起，坦克教官穿着训练服，像一台坦克似的出现在操场上。同学们赶紧排好队伍。

“同学们，欢迎你们进入数学小警察夏令营。”坦克教官中气十足地说。

“报告教官，我们是不是可以去破案了？”大雄迫不及待地问道。

“对对对，我也要破案！”白翔似乎比大雄还急，“教官，把难破的案子，还有难抓的坏蛋交给我吧！我会跆拳道，不怕坏蛋！”

“破案？”坦克教官看了看白翔，又看了看大雄，接着扫视了所有同学，“你们也这么想吗？”

“对对对！”大家拼命点头。

“想得美！”没想到，坦克教官的话像一盆冷水一样浇灭了大家破案的热情，“你们现在的身份是学警，任务是在警校里进行魔鬼训练。通过训练考核的人，将得到警员勋章，然后才能到警察局参加实训。在实训阶段，你们可以协助警察参与破案和其他工作。记住，这次夏令营采取淘汰制，过不了魔鬼训练的，直接回家！”

“淘汰制？”

“魔鬼训练？”

同学们你看看我，我看看你，一下子都产生了上当的感觉。

坦克教官似乎看出了大家的心思：“你们的心情我非常理解。但警察可没那么好当啊！如果你们没学好本事，到时候可就不是抓坏蛋，而是被坏蛋抓了。你们说说，愿不愿意被坏蛋抓？”

“不愿意！”大家异口同声地说道。

“那想不想抓坏蛋？”

“想！”同学们一个个眼神坚定。

“好！”坦克老师满意地点点头，“那我们现在就开始魔鬼训练！第一项——魔鬼罗盘！”

坦克教官带领大家做完准备活动后，助理教官就推着一个彩色的转盘走了过来。转盘上有红、黄、蓝三种颜色，就像一个美丽的大风车。

“这就是魔鬼罗盘?”

“不会吧，这么漂亮的转盘，我觉得叫彩虹风车比较合适。”

“就是啊，这个转盘和魔鬼训练应该搭不上边吧?”

同学们小声议论着。

“这就是魔鬼罗盘，是我为了你们的魔鬼训练专门设计的。下面，就由它来开启你们的魔鬼训练。”坦克教官有些自豪地说。他那五大三粗的身材、黝黑发亮的肤色和五颜六色的罗盘在一起，怎么看都觉得有些搞笑。

“由它开启? 到底是怎么回事啊?”同学们都摸不着头脑。

“我们今天进行基础训练，共分为仰卧起坐、俯卧撑、蛙跳、引体向上四个环节。每个环节开始前，大家都要上来转动罗盘，由罗盘来决定你们每个人训练的次数。”坦克教官指着魔鬼罗盘说，“现在，进行第一个环节。先请每位同学依次上来转动罗盘，指针停在蓝色、黄色、红色区域，分别代表这位同学要做50、80、100个仰卧起坐。做多做少，全凭你们自己的运气！”

“100个仰卧起坐，还真够‘魔鬼’的！”

“那我不是要完蛋了？唉，我的小肚子哪受得了啊！”

“蓝色、蓝色，我的幸运色！”

“老天保佑，给我来个蓝色吧，不行的话黄色也可以！”

同学们终于明白这个转盘为什么叫作魔鬼罗盘了。

小妍第一个转动罗盘——黄色。

“80个！还行还行，至少不是红色！”同学们为小妍捏了把汗。

木美美接着转动——蓝色。

“哇，运气真好！”同学们一个个都羡慕得不行。

轮到小宇了——红色！

“哇，红色，100个！”大家都惊叫了起来。

轮到白翔转动了——又是红色！

“啊?”白翔无奈地摇了摇头。

“我来，我来！”这时，大雄抢着来到了罗盘边，心想，已经连续两次红色了，怎么说接下来也不会再来个红色了吧。

没想到，魔鬼罗盘骨碌碌一转，还是红色。

“啊？已经连续两次红色了，怎么还是红色？”大雄忍不住叫了起来，“难道这魔鬼罗盘有什么问题！”

“哈哈哈……”大雄的样子把大家都逗笑了。

“大雄同学，你是不是吃不消做100个仰卧起坐啊？”白翔笑道，“这样

吧，你放心做，实在完成不了的话，剩下的数量我给你补上，怎么样?”

“啊? 我不是这个意思!”大雄大声说，“谁要你帮忙啊!”

“大雄，我知道你的意思。”小宇安慰道，“其实，转到红色的人比较多是很正常的。你仔细看，这个罗盘上有10个相同的格子，其中红的有5格，黄的有3格，蓝的有2格。也就是说，有50%的概率是转到红色的，有30%的概率是转到黄色的，只有20%的概率会转到蓝色。所以，肯定是转到红色的人多，转到蓝色的人少。”

“还真是这么回事!”大雄仔细看了看罗盘，说道，“原来这不是全凭运气，而是教官特意让我们多练一点啊。”

“啊，是吗?”坦克教官一拍自己的脑门，“哎呀，真是不好意思，我制作罗盘的时候没注意，下次做罗盘的时候，我尽量对红、黄、蓝三种颜色公平对待……那个，不研究罗盘了，继续、继续……”

“哈哈哈……”坦克教官装糊涂的样子惹得大家哈哈大笑。

第二章 快速穿越

第一天的训练强度很大，同学们个个都腰酸背痛的。其中最累的就属大雄和白翔了，他们两个憋足了劲想一争高下，可到最后谁也没占到便宜。

第二天的训练开始了。坦克教官带同学们来到了一个训练馆的入口处，说道："同学们，今天我们训练的科目叫作'快速穿越'。你们面前的这个训练馆运用了人工智能技术，每次训练前都会自动调整内部道路设置。现在假设在出口处有一名犯罪分子，你们要以最快的速度从入口到达出口，穿越整个训练馆，抓获犯罪分子。我会在出口处给你们记时和排名。"

"快速穿越?"大雄一听就咧开嘴笑了。他心想，跑步可是我最拿手的！这回我一定要拿个第一，让坦克教官和同学们知道我的厉害。当然，给白翔那家伙来个下马威也是很重要的，哈哈哈……

想到这儿，大雄转过头看了一眼白翔，发现他一边压着腿，一边紧盯着大雄，那眼神分明在说："怎么样，敢不敢比比?"

"比就比，谁怕谁啊！"大雄仰起头，也用眼神回答了他。

"好，各就各位，预备——开始！"坦克教官下达了口令。

"嗖！嗖！"大雄和白翔像两支离弦的箭一样射了出去，把其他同学全部甩在了身后。

跑了一段路后，大雄发现自己只比白翔快了半个身位，被对手在后面死死地咬着，心里不禁有些着急。可更让人着急的是，他的面前出现了一左一右两条岔路，他不知道从哪条路走好，于是不得不放慢了速度。

没想到，趁着大雄"刹车"的一瞬间，白翔却来了个加速，咻的一下反超了大雄，头也不回地往右边的岔路跑去。

"不好！"大雄暗叫了一声，赶紧开足马力追了上去。

就这样，两人你追我赶，碰到岔路后想也不想就往前冲。不知跑了多久，两人终于不约而同地停了下来。

"死胡同！"两人盯着拦在前面的墙壁，一边像牛一样喘着粗气，一边大眼瞪小眼。

"换条路再跑！"一看见白翔盯着自己，大雄就仿佛打了鸡血一般，转过头立马又跑了起来。

“糟糕！”白翔大叫一声，赶紧追了上去。结果，两人跑了没几步，又同时大叫一声：“怎么又是死胡同！”

就这样，两人连续碰了几个死胡同，终于跑不动了，扶着墙大口大口喘着粗气。

“白……白翔，别……别追我了！”大雄气喘吁吁地说。

“不……不追了！”白翔摆了摆手，“我……我看……我们先找到……出口……再说吧！”

“好……等出去了，我们……我们下一场再比！”大雄艰难地说。

就这样，两人合作，在跑过的每个岔路口都做了记号，好不容易才相互搀扶着走到出口。

“恭喜！马大雄，白翔，并列第一！”坦克教官站在出口处，笑眯眯地宣布，“两位高手用时1小时3分40秒！”

“什么？这么长时间！”白翔擦了擦头上的汗，难以置信地说道。

“不会吧，这么长时间，我们还是第一？”大雄有些想不通，“奇怪，我们刚才在里面怎么没有碰到其他同学？”

“没错，千真万确是第一。”坦克教官顿了顿，又提高嗓门说道，“只不过是倒数的！”

“啊？倒数第一？”此时大雄和白翔的表情简直比哭还要难看。

“哈哈哈……”同学们都笑了起来。原来，大家早就在一旁休息了。而且，在出口处的屏幕上，还回放着大雄和白翔在训练馆里奔跑的监控录像。两人像没头苍蝇似的在里面乱闯，那样子要多狼狈就有多狼狈。

坦克教官把大家带回了训练馆的入口处，说：“花朵朵，你带着

木美美和贝儿跑出了不错的成绩。说说看，你是怎么做到的?”

“是，教官!”花朵朵上前一步，指着入口处旁边的一块小小的显示屏说，“一开始，我们对里面的情况一无所知，所以不敢贸然进去。我和两位好朋友分头在入口处观察了一下，发现旁边有一块显示屏，上面显示的应该就是里面的地图。于是，我花了两分钟记下了这幅地图，然后再开始穿越。”

“非常不错，会思考、会观察、会记忆，还会团队合作，难怪取得了这么好的成绩!”坦克教官转过头，“小宇、小妍，你们两个穿越速度最快，说说你们是怎么做的。”

“是，教官!”小妍上前一步，说，“前面的过程和木美美她们是一样的，只不过我们记忆地图只花了15秒。”

“15秒?”同学们一副不相信的样子，“这记忆力也太强了吧!”

“也不是记忆力强。”小宇解释道，“我们没有去记整幅地图，而是只记了5个字。”

“5个字?”

“5个字就能代表这幅地图?”

“完全没有可能！是运气好吧!”

大家你看看我，我看看你，似乎都不相信。

“哈哈，其实只有2个字，只不过重复了几遍，就变成了5个字。”小妍继续说道。

“哎呀，别卖关子了，赶紧告诉我们吧，小妍!”大雄非常着急，想知道小宇和小妍用了什么秘密方法。

“左、右、左、右、右!”小妍和小宇异口同声地说道。

“啊？就这么简单?”同学们的嘴巴张得像能塞进几个鸡蛋似的。

“我明白了，真是厉害啊!”这时，花朵朵大声说道，“确实不用去记整幅地图，只要先在地图上找到正确的路，然后记住每个岔路口要往哪边拐就行了。”

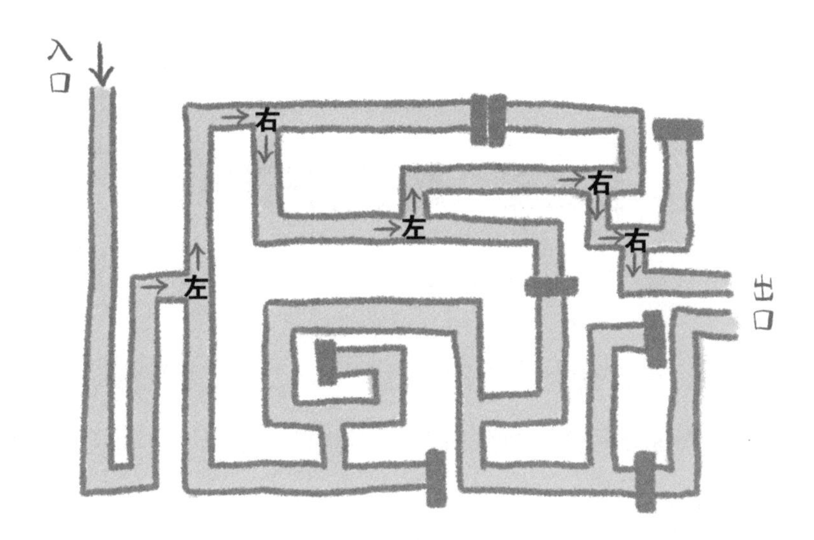

“左、右、左、右、右。”大家试了试，果然就这么简单。

“就这么简单啊！”大雄捶了捶酸痛的大腿，“你们怎么不早说呢？害得我跑了一个多小时，浑身上下比酸菜还酸！”

“大雄，我早就和你说过，尽管你姓马，但没必要跑得比马还快吧！刚才你嗖的一声就跑了，我想告诉你也来不及啊！”小妍笑着说。

“都怪白翔！”大雄拍了拍白翔的大腿，“这家伙名字叫翔，真是跑得比飞还快，我想等你们也没时间啊！”

“哎哟，大雄，别拍我大腿，酸！”白翔咧着嘴叫道。

“哈哈哈……”大家都大笑了起来。

第三章　屁股被揍

经过一段时间的基础体能训练后，就要进入警用装备训练了。教官们拿来了警棍、手铐和盾牌等各式各样的“宝贝”。同学们原来只在电视上看见过它们，现在竟然可以拿在手中体验，所以一个个别提有多兴奋了。

不过，这不拿不知道，一拿还真被吓了一大跳。这些警用装备看上去非常酷，但小伙伴们试着用了用，却出尽了洋相。比如，警用盾牌可以用来抵挡坏人的攻击，但它本身重量就不轻，小妍想举起它，还真费了不少力气。小宇拿起手铐，请大雄扮演坏蛋，想铐上去试试，可折腾了老半天就是铐不上。最惨的要属白翔和大雄了。白翔一看见警棍就特别兴奋，拿起来比画了一番，结果一不小心砸中了自己的额头，立马鼓起了一个包。而大雄听说警用辣椒水非常厉害，要是坏蛋不听警察的命令，可以用辣椒水喷他，就迫不及待地试着喷了一下。可他根本没注意风向，喷出的辣椒水全部被风吹到了自己的脸

上，结果被辣得眼泪直流。

经过这一番体验，同学们都知道了，原来警用装备并不那么容易使用。警察叔叔们能够熟练地使用它们，把一个又一个坏蛋抓住，那是因为经过了艰苦的训练。

“好！现在大家都知道了，警用装备训练非常重要。今天，我先教大家使用警棍和盾牌。”坦克教官边说边做示范。只见他左手举起一个圆形的盾牌，右手举起一根警棍，侧着身子，眼睛警觉地盯着前方。

“哇，帅呆了！这个样子很像古代的武士！”大雄马上说道。

“没错。这就是要对付坏蛋时的准备姿势，又称为警戒姿势。”坦克教官一边做示范，一边说道，“你们看，遇到坏蛋攻击时，先举起盾牌格挡，再找准机会，用警棍击打。来，跟着我一起练习！”

“太好了！”同学们赶紧拿起了警棍和盾牌，跟着教官认真练习起来。

经过大半天的努力，大家训练得算是有模有样了。

这时，坦克教官宣布：“现在，大家已经掌握了警棍和盾牌的基本使用方法。下面，我们来玩一个刺激的游戏——我打你防。”

“玩游戏？好啊好啊！”同学们都来了兴趣。

这时，助教推上来两台机器，就像是两个大箱子。箱子的中间有一个屏幕，屏幕的两边分别放着一根警棍和一个盾牌，其中警棍是用金属环扣住的。坦克教官介绍道："这个游戏需要两个人一组相互对抗。两人身边各放一个这样的箱子，游戏开始后，箱子中间的屏幕上会出现一道题目，只要在屏幕上写出正确答案，警棍上的金属环就会自动打开。也就是说，谁先做出答案，谁就能先拿到警棍，攻击对方一次。同时，另一位同学就要迅速拿起盾牌格挡。如果挡住了，就进入下一题。当然这里的警棍是用特殊材料制作的训练棍，它是不会打伤人的。"

"看来这个游戏既要考验做题的速度，又要考验使用警棍和盾牌的熟练程度。"小宇分析道。

"我倒不这么认为。"没想到，大雄有不同意见，"我觉得，只要算得快，同时又熟练掌握警棍的使用方法，就可以不断攻击对方，让对方永远拿盾牌，自己也就再不用拿盾牌了，哈哈……"

"大雄，有句话叫'进攻是最好的防守'，就是你说的这个意思。"小妍说。

"对对对！"大雄点点头，"我就是这个意思。"

"说得头头是道，不知道真功夫怎么样。"白翔不服气地看了看大雄，“怎么样，咱们两个先来比比？”

“比就比！到时候别被我打得哭鼻子啊！”大雄边说边做了个鬼脸。

“谁哭鼻子还不知道呢！”白翔也不甘示弱。

“好！”坦克教官直接点名，“那就白翔和大雄先上。”

大雄和白翔摆出了刚刚从教官那里学到的警戒姿势，侧着身子稳稳站好，然后双眼紧紧盯着自己面前的箱子，右手就放在警棍的上方，一副随时要拿起警棍进攻的架势。

“叮——”两人箱子上的屏幕同时亮了起来。上面显示着：

请点击相同的两颗子弹。

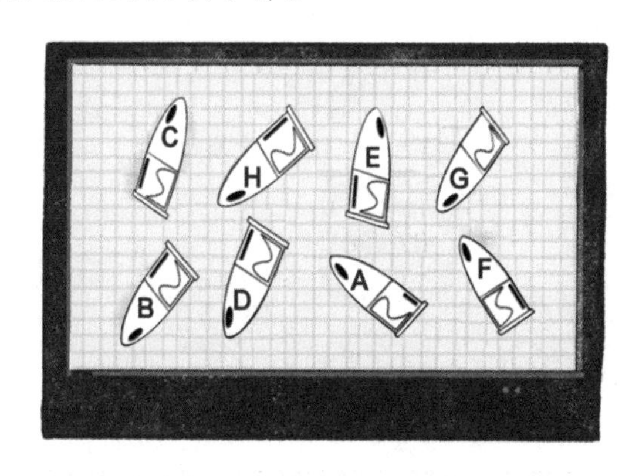

“相同的两颗子弹？”大雄睁大了眼睛，大脑飞快地转动着。

“哈哈，是B和H!”大雄一会儿就找到了答案。

可正当他想抬手按下时，忽然感觉有些不对劲。原来，白翔已经举着棍子朝他的屁股打来了。

“糟糕！”大雄眼疾手快，一把操起盾牌，飞快地往屁股后面一放，砰的一声刚好挡住了白翔的棍子。

“好险好险，差点被白翔这家伙打了屁股！”大雄擦了擦额头上的汗，把盾牌放回了原处。

很快，屏幕上又出现了第二道题目：

请点击能开锁的钥匙。

“能开锁的钥匙？这么说的话，只要锁上和正确钥匙上的两个算式的答案相同就可以了。这回我一定要先算出来。”大雄盯着屏幕仔细想着，“哇，这么多钥匙，答案一个个算过去要到什么时候？对了，锁上的算式是37＋26＝63，答案的个位数是3，那我先看结果的个位就好了。那就只剩82－19和100－57了。100－57＝43，不对，82－19＝63，哈哈，对了！”

大雄赶紧点击了这把钥匙，警棍上的金属环果然啪的一声打开了。

“哈哈，白翔，看我的吧！刚才你想打我屁股，这回，我就让你尝尝屁股被揍的滋味！”大雄想着就飞快地拿起警棍，朝白翔屁股上挥去。

“哎哟！”“哎哟！”没想到，大雄和白翔同时叫了起来。原来，白翔也打开了金属环，两人的屁股同时被对方打了一下。

“白翔，我不是已经按了82－19＝63的钥匙了吗？你是怎么打开的？”大雄大声问白翔。

“啊？我按的是另一把钥匙！”白翔回答道。

“哎呀，失算！失算！原来还有一把钥匙——81－18＝63！”大雄后悔地说，“早知道，我把两把钥匙都选上了。”

“白翔、大雄，按照规则，全部淘汰！”坦克教官宣布。

POLICE
POLICE

“啊？都淘汰了？”白翔张大了嘴巴，一副不情不愿的样子。

“教官，能不能算平手，让我们再比一局？”大雄摸着屁股说。

“不行！按照规则，两人同时淘汰。”坦克教官真是一点情面也不留，“下一组，小妍、花朵朵。”

这一局，花朵朵被淘汰了，于是小妍站回原位继续比赛。就这样，同学们一个接一个比下去，经过一上午的激烈比赛，最后只剩下小宇没被淘汰。教官让小宇给大家分享经验。

“我觉得警棍拿得慢倒不要紧，最重要的是盾牌要拿得快，否则就要挨打了！”小宇谈起自己制胜的秘诀，“而且，从游戏规则看，打不到人不会被淘汰，防不住别人的攻击才会被淘汰。所以，我先做好防守，找准时机再攻击。”

“小宇说得很好！”坦克教官赞许地说，“保护好自己非常重要。而且当警察不仅要保护自己，更要保护其他人不被坏蛋伤害。所以，我们不能光凭一时之勇，必须智勇双全，才能成为好警察。大家明白了吗？”

“明白了！”

“我们要做智勇双全的好警察！”

同学们一个个挺起了胸膛，大声地回答道。

第四章　秘密武器

大家训练得特别认真，把一样又一样警用装备的使用方法都学会了。有一天下午，坦克教官让大家晚上都好好休息，因为第二天要教大家使用秘密武器。到底是什么秘密武器呢？同学们非常好奇，都早早地睡下了，第二天一早就来到了训练馆。

“同学们，今天由一位非常厉害的新教官为你们上课，教你们使用秘密武器。”坦克教官神神秘秘地说。

“秘密武器？”

“新教官？”

“坦克教官，新教官比你还厉害吗？”

大家都非常好奇。

“那当然是……”坦克教官刚想回答，忽然忍住了，然后小声说道，“那要看哪方面的本领。要说格斗嘛，新教官肯定是比不过我的，但要说……”

“小坦克，你又在说我坏话了！”没想到，这时候广播系统中传来一个干脆利落的女声。

坦克教官像是屁股上被打了一针似的，立马挺直了腰杆，来了个立正、敬礼，毕恭毕敬地说：“报告师姐，我正在向同学们介绍你的丰功伟绩。”

看到坦克教官搞笑的样子，同学们都纳闷坏了，不知道这位新教官是何方神圣，能让坦克教官这么服服帖帖。

这时，坦克教官像是背课文一样，十分流利地说：“韩玫，代号‘玫瑰’，人称‘神枪玫瑰’，毕业于中国人民公安大学，全省警察运动会射击冠军。她曾在一起酒店劫持案中，化装成服务员进入房间，击伤歹徒，成功解救人质……”

“哇，神枪玫瑰！”

“太酷了！太酷了！”

“快让我们见见玫瑰教官吧！”

坦克教官的话还没说完，就被同学们的议论声淹没了。大家都迫不及待地想见到这位厉害的玫瑰教官。

“好吧，下面，我就让大家见识一下我的师姐——神枪玫瑰！”坦克教官示意大家安静，“玫瑰教官，准备好了吗?”

“没问题！”玫瑰教官在广播中答道。紧接着，同学们面前的屏幕亮了起来，从画面里可以看出那是在一个大大的训练馆里。

“咔咔咔。”突然间，地上冒出了三个机器人，它们正用黑洞洞的枪口对着同学们。

这时，一位穿着警察训练服的女警察出现在屏幕中。“砰砰砰！”只见她三枪放倒了三个机器人。

“呼呼呼呼！”从天花板上忽然垂下了四根绳子，四个机器人从绳子上滑了下来，并用枪朝着女警察疯狂射击。

女警察一个鱼跃前滚翻，灵活地躲过了射击。“砰砰砰砰！”趁机器人暂停射击的瞬间，女警察连开四枪，把机器人全部打翻在地。

“前面的警察，马上放下枪，否则我杀了人质!”这时，训练馆中间忽然打开了一扇门。门内一个机器人一手环住另一个机器人的脖子，一手用枪指着它的脑袋，示意女警察放下枪。

“砰！”女警察二话不说就是一枪。子弹从前面的机器人耳边飞过，直接击中了后面的机器人。

“解救人质成功。本次模拟训练用时19.7秒。”训练系统自动宣布成绩。

同学们都被这场景惊得目瞪口呆，好一会儿才反应过来，拼命地鼓掌。这时，训练馆的大门打开了，玫瑰教官微笑着从里面走了出来，她的腰上还别着一把精致的手枪。

“哇，原来玫瑰教官这么漂亮！”

“何止是漂亮，简直是帅呆了！”

“玫瑰教官，您是要教我们打枪吗？我做梦都想打枪！”

同学们激动地把玫瑰教官团团围住。

“同学们，很高兴认识你们！”玫瑰教官的声音也很好听，“你们非常幸运。市少年警校刚刚开发了一套实弹射击模拟训练系统，使用真枪，但不使用真的子弹，就能体验实弹射击的感觉。你们将成为第一批使用这套系统的小警察。”

“哇，太好了！”同学们都开心地鼓起掌来。就这样，玫瑰教官开始教大家用手枪射击。因为每位同学都是第一次摸到真枪，所以大家学得特别认真，每一个人都想成为像玫瑰教官一样的神枪手。

经过一段时间的训练，大家的枪法慢慢好了起来。玫瑰教官说，要给大家来一场射击考核，考核的方式就是像她一样，到模拟实战场地打机器人。大家都非常激动，想在考核中体验一把当神枪手的感觉。

很快，射击考核开始了，同学们一个接一个地进入训练场。训练系统自动出题，自动打分。按照抽签的顺序，大雄第一个开始考核。

玫瑰教官介绍道：“本次考核会有机器人出现，每个机器人的胸口都标有一堆方块。系统会告诉你一个数字，哪个机器人胸口的方块数量是这个数字，它就是你的射击目标。考核中共有两组机器人出现，每组20秒时间，在20秒内没有击中目标或打错目标，就算未通过考核。”

“明白了！”大雄大声回答道。

“好，考核开始！”

“咔咔咔咔。”玫瑰老师的话音刚落，地上就冒出了四个机器人，它们胸前的图案分别是：

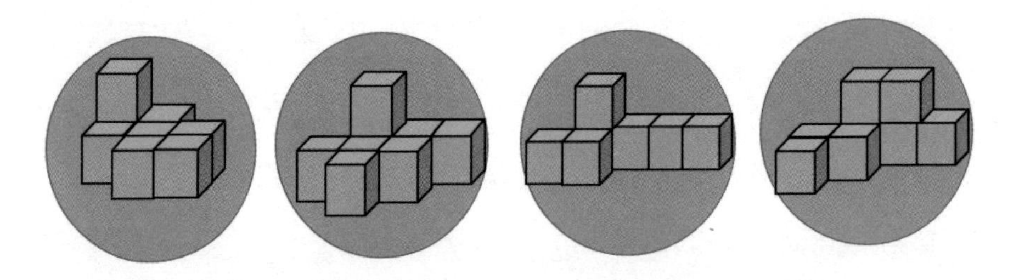

同时，墙上的屏幕中出现了一个大大的数字：7。

“射击目标的胸口应该有7个方块！”大雄屏住呼吸，瞪大眼睛，仔细数着一个个方块。很快，训练系统就自动发出了倒计时的声音：“5、4、3……”

“砰!”大雄终于开枪打中了第三个机器人。

“击中目标，用时19秒。下面进入第二组。”训练系统提示道。

“呼呼呼呼!”从天花板上垂下四条绳子，四个机器人从上往下滑到地面，它们胸口的图案分别是：

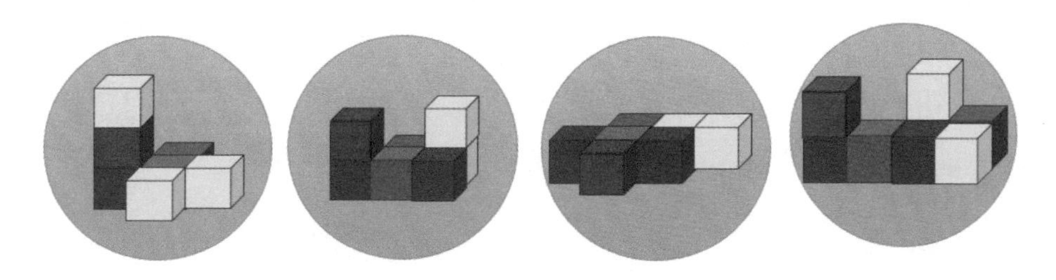

这时，墙上的大屏幕显示出数字：8。

大雄拼命地数了起来，第一个机器人是7个方块，第二个也是7，第三个还是7，第四个是……

“是8!”大雄喊了一声，赶紧举起枪，砰的一声打中了第四个机器人。

“击中目标，用时15秒!”训练系统自动评判道，“马大雄，射击考核通过!”

“太棒了!”大雄开心得跳了起来。

第五章　穿新衣服

新的一天训练又开始了，同学们整整齐齐地排好队。坦克教官笑眯眯地对大家说："同学们，你们喜不喜欢穿新衣服啊?"

"当然喜欢啦!"几位女同学想也没想就回答道。

"穿新衣服? 难道要给我们发新的警服了?"有的男同学兴奋地想着"美事"。

"不对劲，不对劲。"大雄却没有什么兴奋劲儿，反而微微皱起了眉头。

"大雄，你装什么深沉啊!"白翔用胳膊肘轻轻撞了撞大雄，"难道你不想穿新警服?"

"穿新警服? 你想得美!"大雄轻声嘀咕着，"没看到坦克教官笑眯眯的吗?"

"笑眯眯?"白翔看了看坦克教官。

"坦克微笑，同学哭叫!"大雄说出了自己编的顺口溜。经过一次又一次的“血泪”教训，大雄发现，只要那天坦克教官笑眯眯的，那么魔鬼训练一定就会特别“魔鬼”。

“马大雄、白翔！”这时，坦克教官突然点名。

“到！”二人立马应答。

“我看你们两个讨论得特别欢快，显然是对穿新衣服特别感兴趣。那我就奖励你们两个，最先体验今天的新衣服！”坦克教官说道，“你们两个出列，到前面来！”

“哇！”其他同学都羡慕地叫了起来。

“哈哈，大雄，看来你这次判断有误啊！”白翔开心地看了一眼大雄。

“难道真的是我判断失误?”大雄一边往前走，一边嘀咕着。

“下面有请模特出场！”这时，坦克教官大声喊道。

“模特? 还有展示新衣服的模特?”大家都非常好奇。

很快，一名助教跑了过来。

“哇！帅气！”

“真是太酷了！”

“你们看，助教穿的像不像古代战士的盔甲?”

“模特”一出场，就把同学们给吸引住了。原来，他从头到脚全副武装：头上戴着大大的头盔，身上穿着厚厚的盔甲，紧紧包裹住身体，后背印着“警察”两个字和英文“POLICE”，那样子要多威武就有多威武。

“这就是今天要给大家介绍的第一套新衣服。”坦克教官介绍道。

“哇，坦克教官，我真的可以先体验这套衣服吗?”大雄似乎还不敢相信这样的好事会落在自己的身上。

“没错!”坦克教官点了点头。

“太棒了!”大雄兴奋地喊道，“谢谢教官!”

“别急着谢啊!”坦克教官咧开嘴笑了笑，“不是让你体验穿这套衣服，而是体验一下攻击穿这套衣服的人。”

“啊?打人?”大雄张大了嘴巴。

“没错!”坦克教官走到助教身边，详细介绍起来，“这套衣服叫抗打服，它由头盔、胸甲、护臂板、护腿板和护脚板等多个模块组成，可以防护暴力击打。警察在处置暴乱时穿上它，可以起到保护自己的作用。大雄、白翔，你们两个不是号称最勇敢的人吗?来，试试看攻击一下穿抗打服的助教。”

“原来是这样的体验啊!不过，这也挺有意思的。那就让我来体验体验这抗打服到底有多抗打吧。”大雄说着就后退了一步，猛地向前出拳，大喊一声，“看我的无敌金刚拳！”那样子真是非常威猛。

可是，大雄的威猛形象只保持了不到一秒钟。只听砰的一声，他的拳头准确无误地打中了助教的腹部。紧接着，就听到大雄大叫了起来。

“哎哟！真疼啊！”大雄边叫边甩着右手。

“大雄，你这‘无敌金刚拳’以后还是叫‘怕疼海绵拳’吧！”白翔可不想放过这个机会，一边活动脚腕，一边说道，“俗话说，胳膊拧不过大腿，要说杀伤力强，那还要看我们跆拳道的腿法。”

“行，那你来试试吧！”助理教官拍了拍自己的胸口说。

“好，那就看看我‘超级旋风腿’的厉害！”白翔说完就做了个标准的跆拳道准备姿势。随着“哈”的一声，只见他上前一步，右腿高高抬过头顶，然后迅速下劈，脚后跟正中助教胸部的盔甲片，那样子要多帅气就有多帅气。

“哎哟！”可是，白翔的帅气也一样没撑过一秒，他也是疼得大叫一声，一屁股坐在了地上，拼命揉着自己的脚后跟。

“你们两个没事吧?”坦克教官问道。

“没事，没事！”两人皱着眉头，摆手说道。要是自己攻击别人还有事，那多没面子啊，这么多女同学看着呢，所以再疼也得说没事啊！

“好，你们两个回到队伍中稍微休息一下。下面，我们来看第二套新衣服——防爆服。”坦克教官刚说完，又一名助教跑了进来。只见他戴着一个绿色的大头盔，穿着一套绿色的大衣服，一摇一摆得像一个绿巨人似的。

“哈哈哈，这样子太搞笑了！”大雄看见“绿巨人”，立马忘了手上的疼痛，笑着说道，“我知道这套衣服为什么叫‘防抱服’了，因为只要穿上这套衣服，身体就特别胖，别人根本就抱不住，所以叫‘防抱服’。”

“哈哈哈……”同学们都被大雄逗乐了。

“不不不，不是这样的！”小宇提出了不同意见，“我在军事节目中看见过这套衣服，这叫防爆服，是遇到爆炸物时才穿的。”

“这么说，应该是爆炸的‘爆’，不是拥抱的‘抱’。”小妍补充道。

“没错！大家懂的还不少。”坦克教官介绍道，“有时候，犯罪分子会使用炸弹。这就需要警察去拆除或处置炸弹，保护人们的生命安全。这时候，警察必须穿上这套防爆服。”

“这么说，穿上这套衣服，连炸弹都不用怕了？”大雄觉得这套衣服真是太厉害了。

“也不是完全不怕，但至少可以大大减轻爆炸带来的伤害。”坦克教官指着防爆服说，“你们看，它是用特殊材料制成的，既可以防御爆炸时产生的冲击波和弹片，又能防止燃烧，保护处置炸弹的警察。

这套衣服非常重，有40千克左右，所以穿上它可不好受，但负责处置炸弹的警察需要经常穿着它进行拆弹训练。”

“真了不起！”同学们都竖起了大拇指。

“我们专门准备了两套小号的防爆服。今天，大家都来体验一下防爆训练。”坦克教官说道，“大雄、白翔，这次还是由你们两个先来当拆弹专家！”

“真的吗？太好了！”两人迫不及待地喊道。

在教官的指导下，两人花了20多分钟才穿好防爆服，瞬间成了两个小绿巨人。

“好重啊，像是在身上绑了铁块！”白翔喊道。

“好热啊，我感觉自己快被蒸熟了！”大雄喘着粗气说。

“这才刚刚开始呢！”坦克教官说，“你们的挑战任务是，原地做深蹲10次，然后向前50米冲刺，最后拆除那里的模拟炸弹。记住，必须在3分钟内完成。好，现在我宣布，挑战开始！”

两人马上开始了挑战。大雄平时可以一口气做几十个深蹲，但穿上这套衣服，做一个就已经累得够呛。他咬着牙，使出了吃奶的劲，好不容易才到达终点。他转过头一看，发现白翔也几乎同时到达了。

“绝不能输给白翔！”大雄想着，赶紧蹲下查看模拟炸弹。只见上面有一些按钮：

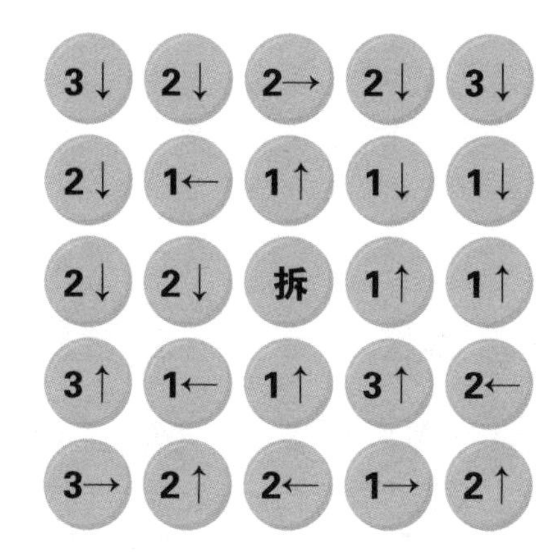

“咦？中间有一个‘拆’字。难道按下这里就能拆除炸弹了？”大雄刚想伸手按下去，忽然听到砰的一声巨响。他赶紧扭头一看，发现白翔面前的模拟炸弹已经引爆了，一股黑烟冒了出来，把白翔的绿头盔直接染成了黑头盔，那样子可狼狈了。

“白翔，拆弹失败！大雄，你还有50秒！”坦克教官的声音传来。

“啊？”大雄赶紧盯着自己面前的炸弹，头上的汗拼命往外冒。

“镇定！镇定！”大雄暗暗告诫自己，盯着按钮上上下下看了几遍。忽然间，他发现了玄机：按钮上的数字代表步数，箭头代表方向。看来，需要先找到一个初始按钮，然后按照箭头和数字的提示，一步步走到“拆”字按钮，才能拆除炸弹。但怎样才能找到这个初始

按钮呢?

对了，用倒退法!

大雄想了想，小心翼翼地按下了“拆”字正上方的那颗按钮，发现炸弹没有引爆。

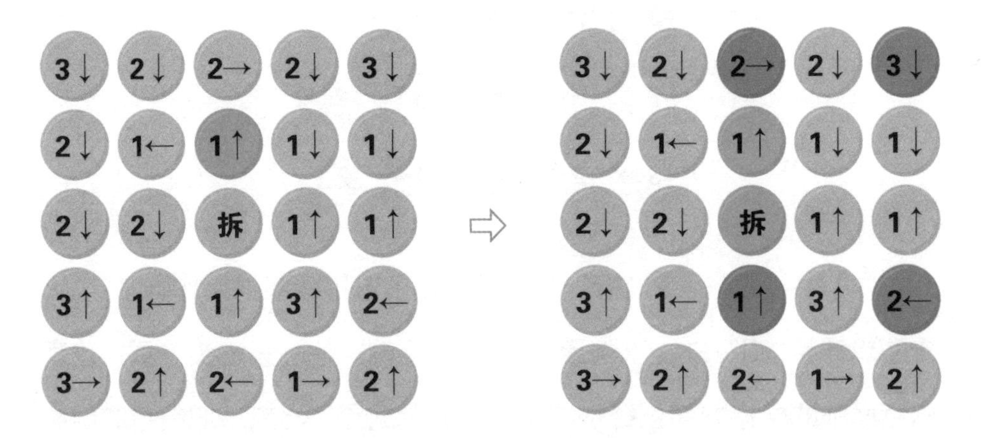

“应该没错了!”紧接着，他飞快地连续按了几下。

“嘀嘀嘀，炸弹拆除成功。”模拟炸弹发出了声音。

“马大雄，挑战成功!”坦克教官大声宣布。

“大雄，你真棒!”同学们都开心地鼓起掌来。大雄别提有多得意了。

第六章　公平公正

经过艰苦的基础训练，所有的同学都获得了警员勋章，接下来就可以参加实训，协助警察叔叔破案啦！小伙伴们一个个摩拳擦掌，迫不及待想要大显身手了。实训是分组进行的，每三人一组，小妍、小宇和大雄刚好又分在了一组。

“哈哈，美警侠、帅警侠、超警侠，我们警侠队来了，坏蛋们都乖乖投降吧！”大雄握着拳头，兴奋地说。

“超警侠，你当队长吧！”小妍建议道，“教官说了，要有团队精神，我们一起破案时就听你的。”

“啊？我当队长？”大雄不好意思地挠了挠脑袋。

“我当然没意见！”小宇拍了拍大雄的肩膀，“我们警侠队一定能立大功！”

“好！警侠警侠，坏蛋最怕！”大雄想出了一句自认为非常酷的口号。

“警花警花，坏人全抓！”这时，花朵朵带的警花队也喊出了她们的口号。

“战警战警，邪恶克星！”白翔带领的战警队也十分霸气。

“非常好！”坦克教官看着同学们精神振奋的样子，满意地点了点头，“你们将作为实习小警察被分组到不同的地方开展实训，实训结束后由带训警官为你们打分。通过实训的队伍，就能获得‘小警察’勋章，真正成为守护这座城市的警察中的一分子。大家有没有信心？”

“有！”同学们的喊声震天响。

“好！实训中要服从带训警官的命令，遵守警察的纪律，保护好自身安全。我等你们的好消息！”

“是！”同学们齐刷刷敬了个标准的军礼。

紧接着，各组的带训警官就和大家见面了。大雄、小宇和小妍惊喜地发现，他们的带训教官竟然是老熟人——秦警官。秦警官驾驶着警车，把小伙伴们带到了华府小学附近的派出所——祥福派出所。这是小伙伴们第一次坐警车，第一次走进派出所，大家别提有多高兴了。

“这是派出所的指挥室。你们看，墙上的大屏幕连接着路面上的监控系统，坐在这里能直接看到你们学校的大门。”秦警官带着小伙伴们参观派出所，认真地介绍，“这是办案区，警察抓到的坏蛋就关在这里面。这是物证室，我们破案时找到的证据就存放在这里。这是报案区，如果人们发现自己被偷了、被骗了、被抢了，就可以来这里报案。当然，直接拨打110也可以报案……”

“警察同志，您给评评理，做生意哪有这么不讲诚信的？这分明就是骗我嘛！”

“警察同志，我冤枉啊！我可是本本分分做生意的！”

这时候，两个人吵吵闹闹地冲进了报案室。

“别吵了，别吵了！有话慢慢说。”秦警官双手向下按了按。

“警察同志，我先说！”穿着西装、身材微胖的男子抢先说道，“我是商场的杨经理，我们商场准备搞活动，向花店的张老板订了10盆花，总共400元钱。张老板倒好，就送了8盆来，还不承认是他搞错了。”

大雄一听就觉得搞笑，心想，这还是老板呢，居然连10和8都分不清。不过他还是沉住气，非常有礼貌地说：“张老板，这就是您的不对了。少送了两盆花，要不就给补上，要不就少收两盆花的钱，不就行了吗？”

张老板上下打量了大雄一番，似乎觉得有些奇怪。秦警官连忙解释道："这几位是我们派出所新来的实习小警察，是协助我办案的。"

"原来是这样。小警察同志，你可不能随便冤枉人啊！"张老板一肚子委屈的样子，"我这花店是小本经营，要是再补两盆花或者少收两盆花的钱，这次生意我可就亏本了。再说，我根本就没搞错，杨经理的400元钱就是买了8盆花，凭什么让我亏本呢？"

"到底是10盆还是8盆啊？"这回，大雄、小宇和小妍三个人都被绕晕了。

"对了，证据！"小宇一拍脑袋，想到了在少年警校里学的知识，认认真真地问道，"你们一个说买了10盆，一个说买了8盆，有什么证据吗？"

"证据，当然有啊！"没想到，张老板和杨经理同时答道，并都从口袋里掏出了一张字条。只见上面写着一模一样的内容：

订 单

商场一楼走廊由张老板负责布置，走廊长18米，单侧放花，每隔2米放一盆。共收400元。

签名：杨经理　张老板

小妍仔细看了看两张字条，说道：“这应该是一模一样的订单，买卖双方一人保存了一份。从订单的内容看，没写清楚花的具体数量，所以才闹出了矛盾……”

“不对啊，小妍。”小妍的话还没说完，就被大雄给打断了，“18米长的走廊，每2米放一盆花，18÷2＝9，应该是9盆花。为什么你说没写清楚花的数量呢？”

“什么？9盆？”杨经理和张老板都张大了嘴巴。

“咦，还是不对啊。”大雄似乎也发现了问题，“杨经理说10盆，张老板说8盆，为什么我算出来是9盆呢？这张订单到底是怎么回事啊？”

“小警察同志，你不会是故意想帮张老板吧？怎么会把10盆说成9盆呢？”杨经理边说边在订单的空白处画了起来。

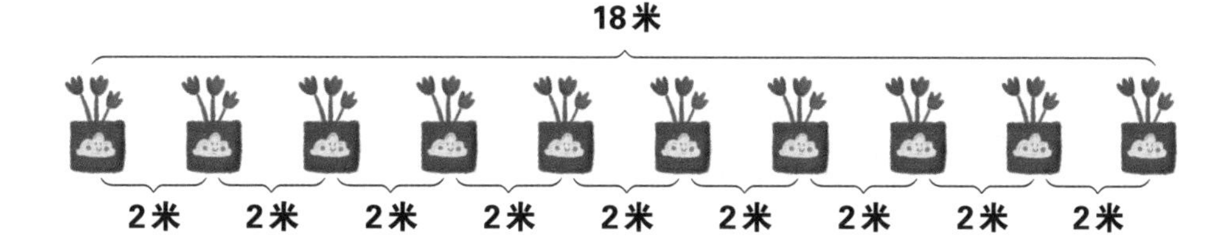

“你自己数数看，18米，每2米1盆，不是正好10盆花吗？”杨经理把笔往桌子上一放，有些生气地说。

“确实正好10盆。”大雄看着杨经理画的图，挠了挠脑袋。

“你这画法有问题啊！”张老板不甘示弱，拿起笔在自己那张订单上画了起来。

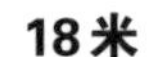

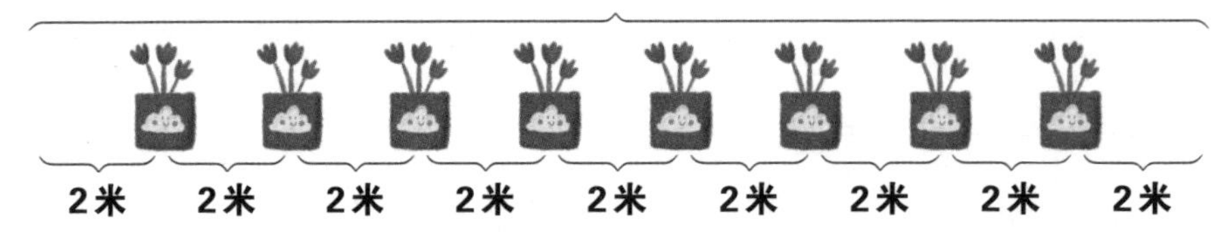

“这不是8盆花吗？每隔2米1盆，共18米。有什么问题吗？”画完后，张老板也把笔一放，对大雄说，“小警察同志，你说9盆花，是不是故意在帮杨经理啊？警察执法，必须公平公正，你这算什么呀！”

“啊？”这时，大雄挠脑袋的速度越来越快了，不过，他一听到“公平公正”四个字，忽然有了主意，赶紧说道，“两位别着急啊，我说的9盆就是公平公正的。”

“公平公正？”杨经理和张老板都瞪大了眼睛。

大雄不慌不忙地画了起来。

18米

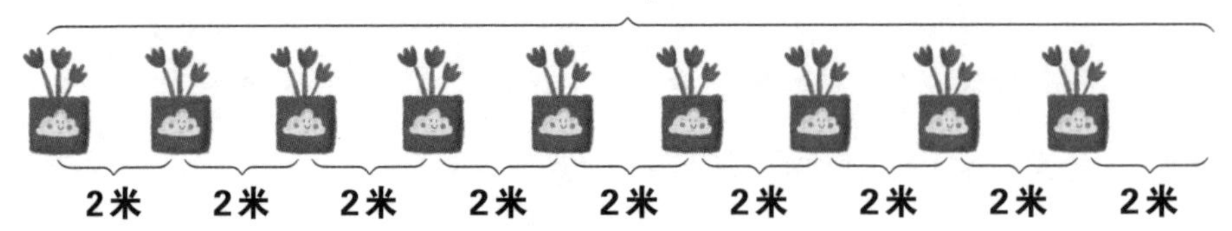

“看，9盆花，刚刚好！”大雄把笔轻轻一放，“其实，你们说的都没有错，主要就是订单上没有讲清楚花的数量，所以产生了误会。杨经理的意思是走廊的两头都要放花，而张老板以为走廊的两头不需要放花。所以大家都各退一步，一头放花，一头不放花，这不是也很漂亮吗？”

“这……”杨经理和张老板看着三张图，都犹豫起来。

“9是10和8的平均数，双方都比预想的损失了一盆花，确实是最公平公正的方法了。”小宇分析道。

“而且数字9的寓意也很好呀，长长久久嘛！”小妍笑着说，“我听过一个词叫和气生财。你们现在是握手言和，长久生财！”

“好好好，就听小警察的，9盆就9盆吧！”

“对，握手言和，和气生财嘛！”

两人和和气气地握了握手。

“太好了！”小警察们高兴得差点跳起来。

第七章　上街巡逻

到派出所的第二天，秦警官说要带三名实习小警察上街巡逻，大家可高兴了。一大早，大雄、小宇和小妍三人就穿上了帅气的小警服，高高兴兴地跟着秦警官出发了。

秦警官说，今天的巡逻采用“车巡＋步巡”的方式。秦警官驾驶警车，亮着警灯，带着大家在辖区的大街小巷转悠，而在一些不方便开车的街道、公园或者住宅小区，大家就下车走路巡逻，这就叫“车巡＋步巡”。

当然，最拉风的要属走路巡逻的时候了。三名实习小警察依次排成一列，按照警校里学到的齐步走动作，整整齐齐地迈着步子。秦警官则走在小警察队伍的旁边，下达着“向左、向右”的口令。小警察们神气的样子吸引了不少的“观众”，特别是一些小朋友，大家都羡慕得不得了。

大雄一开始雄赳赳、气昂昂地走在队伍中，显得特别自豪。可

是，巡逻了大半天之后，他就觉得有点无聊了。

“大雄，你不会走累了吧?”小妍发现大雄的精神没有那么足了，关心地问道。

“不是累，我就是觉得有点无聊。”大雄摊了摊手说，“我们都巡逻了大半天了，别说什么大案了，连小案都没碰上。要是一直这么巡逻下去，不是很无聊吗?再说，要是其他几组同学在别的地方实训，碰到了大案子，那不是就把我们给比下去了?”

“超警侠同志，我觉得是你的形象太威猛了。你一出来巡逻，坏蛋们就只能乖乖地躲起来了!”小宇打趣道。

“哈哈，这个解释有点道理。”大雄笑着说，“那也不仅仅是我啊，是我们美警侠、帅警侠和超警侠共同组成的警侠队太威武了!”

“你们说的有道理!”没想到，秦警官也赞同大家的观点，“其实，我们当警察的根本就是不希望有大案发生，当然也不希望有小案发生，我们最希望的是没有案件发生。”

“啊?”大雄一副不相信的样子，“当警察就是要破案啊，为什么你们会希望没有案子呢?”

“因为没有案子，就说明没有坏蛋在干坏事，所有人都能平平安安、高高兴兴地生活了。警察破案，是为了抓住坏蛋，让他们得到教训，以后再也不敢干坏事；而警察巡逻，是为了让坏蛋看见我们，干不成坏事。所以，巡逻尽管比破案无聊，但一样是非常重要的工作。”秦警官解释道。

“明白了！”小警察们这回理解了巡逻有多重要，一个个挺起了胸膛，走得更加虎虎生威了。

“你站住，别跑！”正在这时，不远处传来一个女孩的叫喊声。

什么？有情况！大雄噌地跳了起来，心想，我们警侠队在巡逻，居然还有坏蛋敢惹事？不行，必须抓住他！紧接着，他就来了个百米冲刺，像一只下山猛虎似的，朝声音传来的方向扑去。秦警官、小宇和小妍也赶紧追了上去。

拐过一个弯后，大家发现了一个小男孩。小男孩的后面有个小女孩在紧紧地追着，她的手里还挥着一张纸。

大雄、小宇和小妍把小男孩团团围住，生怕他跑了。小男孩看见三个穿警服的小警察，也吓了一大跳，不敢再跑。这时，后面的小女孩气喘吁吁地赶过来。大家的年纪看上去都差不多。

“两位小朋友，发生了什么事？”秦警官问道。

“警察叔叔，您好！我叫棉棉。”小女孩指了指旁边的小男孩说，“这是我的邻居——调皮鬼聪聪。刚才，我在家门口的小桌子上做作

业，聪聪像屁股着了火似的，飞快地从我旁边跑过去，结果把我的墨水给撞洒了。你们看，我的数学试卷都被弄脏了。”

“你才屁股着火呢！”聪聪不服气地说，“我看你追我的速度比火箭还快。我这不是有急事嘛，又不是故意撞你的，再说，不就是数学试卷弄脏了吗？又不是什么大不了的事。”

“试卷我都做完了呀！这下倒好，你把我的题目和答案都弄脏了，这试卷还怎么交给老师？”棉棉扬了扬手中的试卷，生气地说。

听清楚两人的争吵内容，小警察们终于明白刚才发生了什么事。

“我还以为碰到神秘大案子了，居然是这么回事。”大雄似乎还有一点失望，对聪聪说道，“你道个歉，不就行了吗？”

“道歉？”聪聪摇了摇头，“棉棉是我们小区出了名的‘女魔头’，被她逮住那可不得了。所以，我只能先开溜了，再说，我真的有急事。”

大雄一听就乐了，忍不住想起了幼儿园时，自己和花朵朵发生的那些事。他心想，这个棉棉和花朵朵还真像，以前自己也没少吃花朵朵的亏。

果不其然，棉棉得理不饶人：“道歉有什么用？你得把我做完的题目再做出来，要不然我去告诉你妈妈。”

“啊？”聪聪赶紧求饶，“尊敬的棉姐姐，千万别这么做，告诉我妈妈的话，那就出大事了。好好好，我做题目就是了。”

“这还差不多!”棉棉把试卷往前一摊。大家发现，试卷上其他地方还好，就是有一道题目染上了墨汁。

“啊?”聪聪一看，顿时傻了眼，“如果只是答案弄花了，我就帮你重新做。但现在连题目也看不清了，那我还怎么做啊?”

大雄看看聪聪，就想起了自己以前被花朵朵害惨的模样，于是对他充满了同情。他赶紧帮聪聪说话：“是啊，这样确实有点为难聪聪了。连题目都看不清，确实没法重新做了，要不和老师说一说吧?”

“那不行！我还是得去找聪聪妈妈！”棉棉说。

“别着急。”小妍提醒道，“棉棉，你不是说刚才已经做了一遍吗？你仔细想一想，看看能不能想起题目中的数字。”

“这……”棉棉歪着脑袋，仔细想了想，说道，“对了，我刚才做完这道题目时，发现它刚好用了0～9这十个数字，而且没有重复，当时我觉得挺有意思的。”

“啊？能不能再具体一点，比如说第一个加数是多少。就你这个信息，我还是没法知道哪个数字在哪里。”聪聪无奈地说。

“等等！”这时，小宇似乎有了主意，“我来试试，说不定能把题目和答案都找出来。0～9有十个数字，那说明这个竖式应该是一个三位数加一个三位数等于一个四位数。”

“这样的话，这个四位数的千位上肯定是1。”大雄赶紧补充道。

“是的。”小宇接着推理，“接下来我们来看第二个加数，它的百位肯定是一个比较大的数字，与2加起来可以进位。如果是9的话，9＋2＝11，那就出现两个1了。8已经用过了，那就只能是7，2＋7＝9，两个加数的十位加起来进1就行了。”

小宇边说边在题目的边上写下一个竖式：

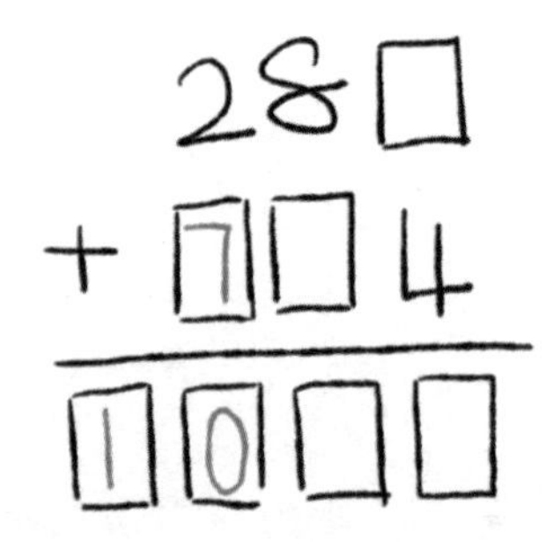

“学霸宇，就是厉害！”小妍给小宇竖了个大拇指，接着说道，“那现在只剩下3、5、6、9这四个数了。先看两个加数的个位，4＋3＝7，7用过了不行。4＋6＝10，0用过了不行。4＋5＝9的话，那8＋6＝14，4也用过了不行。这样看来，只能4＋9＝13，8＋6＋1＝15。”

“哈哈，那不就行了！”大雄高兴地写出了完整的竖式。

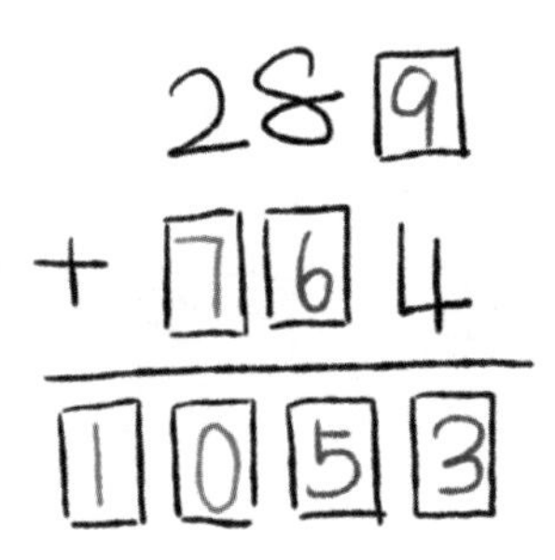

“你们太厉害了！”聪聪看得目瞪口呆。

“你们几个真厉害，谢谢你们！”棉棉开心地说，“聪聪，我不怪你了。”

“那就好。”聪聪说，“谢谢你们几位小警察。对了，我还不知道你们几个的名字呢。”

“名字不重要。”大雄自豪地说，“这是美警侠、帅警侠，我叫超警侠，我们是警侠队！”

“向警侠队敬礼！”聪聪来了个立正、敬礼，那动作一点儿不输真正的警察。

第八章　有大任务

在秦警官的带领下，小妍、小宇和大雄三位实习小警察干得有声有色。不过，大雄总觉得少了点什么，因为在派出所碰到的总是一些“小事”，似乎与想象中的警察工作不太一样。

这一天，秦警官带着三人正在巡逻，忽然间，他佩带的对讲机里传来一个急促的声音：“巡逻一组，巡逻一组，指挥中心呼叫。收到请回复！”

“巡逻一组收到。”秦警官马上按着对讲机的通话按钮，认真回答道。

“请立即赶到禁毒大队，请立即赶到禁毒大队。”对讲机中的声音呼叫道。

“巡逻一组明白，立即赶到禁毒大队。”秦警官收好对讲机，飞快地对小警察们说，“走，快上警车，我们有任务！”

“去禁毒大队？”大雄有些激动地问，“哇，是不是有什么大任务

来了?”

“应该是的，但具体是什么任务，要到了那边才知道。”秦警官解释道，“禁毒大队是警察局里面专门对付毒品犯罪的部门。看来这次我们真的遇到大案子了。”

“秦叔叔，我记得上次您到学校给我们上课时，还讲到过有关防范毒品的知识呢。”小宇对秦警官上的课印象深刻。

“没错。毒品会对人的身体造成巨大的伤害，但总有一些坏蛋为了赚钱去当毒贩、卖毒品。禁毒大队就是专门负责抓这些坏蛋的。”秦警官介绍道。

“毒贩真可恶!”小妍握着拳头说，“真希望把他们都抓起来，这样世界上就再也没有毒品了。”

大家很快就赶到了禁毒大队。那里的警察把他们带进了一间办公室，上面写着“情报分析室”。里面一个年轻警察焦急地说:“秦警官，最近我们发现有毒贩可能在你管辖的区域活动，所以请你来帮忙一起分析情报。”

“什么？我们管辖的区域有毒贩?”大雄忍不住提高了嗓门，“那还得了？秦叔叔带我们警侠队天天巡逻，居然还有坏蛋敢来?”

“毒贩狡猾得很。”秦警官答道，“他们往往在警察最不注意的时间和地点干坏事，巡逻可抓不住他们，所以必须依靠情报。”

“咦，这几位是?”年轻警察盯着几位小警察。

“哦，何队长，我来介绍一下，这是我们派出所新来的实习小警察——大雄、小宇和小妍。他们是经过少年警校培训后，来我们这里实训的。”秦警官接着又回过头对小警察们说，“这位是禁毒大队的何队长。你们在这里看到、听到的事情必须严格保密，知道吗?”

“明白！要想抓住坏蛋，必须学会保密。要是让坏蛋知道了我们的行动，肯定会逃跑的。”大雄一副非常专业的样子。

“不错，懂的还不少。”何队长赞许地点了点头。

“放心吧，队长!”

“我们在少年警校里已经学过了，知道保密很重要!”小宇和小妍也说道。

“那就好，我们开始吧!”何队长说着就在电脑键盘上敲击了几下，屏幕上马上出现了一些文字：

八脂子：

小红好，小白很好，小蓝很好，大家都很好。

十哥单位，申花都好。

“这就是情报吗?”大雄挠了挠脑袋，好奇地问。

“没错，这是我们在网上得到的情报。”何队长肯定地说。

小宇仔细地读了一遍，说道：“我觉得，表面上看，并没有什么可疑的啊。就是有人要告诉八脂子，小红、小白、小蓝都挺好的，对了，还有十哥单位里的花也好。”

“不太对啊，”小妍指着最后一句话说，“申花都好，这句话读不通。”

秦警官指着“申花”两个字重重地说：“我们每天巡逻的就是申花区块。”

“没错，这就是我请你们来的原因。”何队长说，“我们通过大数据分析发现，小红、小白和小蓝是现在一批新型毒品的代称。所以我们判断这是一条与申花区块有关的毒品交易情报。”

“原来是这样啊!”小警察们有点明白了。

“咦，会不会是这样?”这时，小宇突然喊了一句，并拿起笔写了起来：

小红：好　　　小白：很好　　　小蓝：很好

大家：都很好

好
很好
\+ 很好
都很好

大雄盯着小宇列出的竖式，说道："小宇，你是说'好、很好、很好'分别代表'小红、小白、小蓝'的数量，它们加起来的总量是'都很好'？"

"有道理！"何队长和秦警官都表示赞同。

"学霸宇，真有你的！"大雄高兴地拍了拍小宇的肩膀，"如果把这些字都看成数字的话，每个数个位上的数字是一样的，那么，只有0+0+0=0和5+5+5=15这两种可能。如果是0，十位上的三个数字要一样，这一点就做不到了。所以，个位上一定是5，也就是说，好=5。"

"那接下来十位、百位上的数字算算也不难。"小妍接着计算，"从个位进到十位上1，十位上三个数字都一样，那只有一种可能，就是9+9+1=19，所以，很=9，都=1。"

"没错。所以从这条情报中可以知道，小红、小白、小蓝三种毒品的数量分别是5、95、95，总量是195。"小宇说着就写下了一个算式：5＋95＋95＝195。

“你们几个小警察还真能干啊！”何队长竖起了大拇指，可接着又皱起了眉头，“可这里的数量没有单位。毒品的重量是非常重要的信息，没有单位，就无法知道毒品到底有多少。”

“单位？”小妍仔细地看了看屏幕，兴奋地说，“这最后一句不是有‘单位’两个字吗？噢，对了，我知道了，单位是克！毒品数量总共是195克！”

“单位是克？”大雄想不明白，“你是怎么知道的？”

小妍不慌不忙地说：“情报里面写着‘十哥单位’，哥哥就是兄长，‘十’和‘兄’两个字在一起，不就组成了‘克’字吗？”

“有道理啊！”小宇接着说道，“那最后一句也好破解了。前面已经算出来了，‘都’和‘好’分别代表1和5，‘申花都好’就是申花路15号吧？”

“这么看，毒品交易的数量和地点都有了。”秦警官说，“就差时间了，我们必须知道到底什么时候交易，否则，我们得每天24小时全盯着这个地方。”

“哈哈，时间我已经知道了！”没想到，大雄已经摆出一副胸有成竹的样子。

“啊?”大家都看着大雄。

“8月7日嘛!”大雄指着“八脂子”三个字说，“按照刚才小妍分析的办法，把‘八脂’两个字拆开来看，不就是‘八月七日’吗?”

“8月7日? 糟糕，只剩两天了!”何队长着急地说，“我们得赶快安排警察全天守在那里。”

“其实连两天都不到，我觉得这条情报中连交易的具体时间都写清楚了。”小妍又有了新的发现。

“具体时间?”大雄一脸不相信的样子，“你是说连几点钟交易都知道了?”

“大家看，这条情报中还有哪个字没有用过?”小妍说。

“只剩‘八脂子’的‘子’字了。”小宇回答道。

“不会这个字还有什么特别的意义吧?”大雄将信将疑地问。

“应该有意义，我觉得这份情报中不会有多余的字。”小妍分析道，“我学过古代记时间的知识，一天共有24个小时，在古代，人们把两个小时称为一个时辰，也就是说一天中有12个时辰，分别是子、丑、寅、卯、辰、巳、午、未、申、酉、戌、亥。子时代表的是前一天半夜11点至第二天凌晨1点这段时间，丑时代表凌晨1点至3点这段时间，就这样一直排下去……”

“哇，才女妍，美警妍，你实在是太帅了。噢，不是，是太美了！”大雄夸张地叫起来。

“小警察们太厉害了！”何队长激动地搓了搓手，“这么说，8月6日晚上11点可能就有情况了，我们要马上安排行动。秦警官，你熟悉那边的情况，我们一起研究一下抓捕计划，一定要把毒贩一网打尽！”

“好，一网打尽！”三个小警察和两个大警察的手紧紧地握在了一起。

第九章 漏网之鱼

毒品交易的时间很快就到了，禁毒大队和祥福派出所的警察秘密地埋伏在交易地点周围，撒下天罗地网，就等毒贩们“上钩”了。可是，让几位实习小警察郁闷的是，秦警官没有让他们参与这次行动。最后，禁不住小警察们的软磨硬泡，秦警官同意让他们在派出所的指挥室里，通过监控系统全程观看警察抓捕毒贩的过程。

就算这样也已经够刺激了。尽管已经是深夜，但小妍、小宇和大雄毫无睡意，眼睛一眨不眨地盯着指挥室的大屏幕。从指挥室的对讲机中，他们还能听到警察叔叔行动时相互通话的声音，那感觉就和在现场差不多。当他们三个人看见毒贩出现的时候，都屏住了呼吸，紧张得仿佛自己就在现场等待抓捕一样。

“行动！”随着对讲机中的一声令下，埋伏在四周的警察如神兵天降，一下子就把正在交易的毒贩包围了。

“老大，有警察，快跑！”其中一名毒贩大喊道。可是，还没等他们跑出两步，就全被警察抓住了。

行动结束，毒贩们被带到禁毒大队接受调查。秦警官回到了派出所，高兴地和小警察们说，四名毒贩被一网打尽，从其中一人身上刚好发现了195克毒品，和大家在分析情报时得出的结论一模一样。

就在大家兴奋地聊着抓捕毒贩的过程时，对讲机里忽然传来一位女警察呼叫的声音："祥福派出所，祥福派出所，交警大队呼叫，交警大队呼叫。"

秦警官赶紧拿起对讲机回答："祥福派出所收到，请讲。"

"请立即派人到云河公园，有情况需要协助调查。"

"明白，立即到云河公园。"秦警官放下对讲机，向小警察们一挥手，"走吧，一起去看看有什么情况。"

"走！"三个人噌地从座位上跳了起来。

秦警官驾驶警车，带着小警察们以最快的速度赶到了云河公园。通过对讲机联络，他们很快找到了呼叫他们的女警察——陈队长。

陈队长是一位身材高挑的女交警，戴着交警特有的白色警帽，穿着帅气的警服，外面罩着一件反光背心，身旁停着一辆威武的警用摩托车。

原来，刚才在云河公园的内部道路上，发生了一起交通事故。一个晚上在公园乘凉的中年人，被一辆电动自行车撞了，但是驾驶人骑着车逃走了。

“辛苦你们了。”陈队长一边和秦警官握了握手，一边说道，“这本来是一起交通事故，由我们交通警察处理就行了。但是，刚才被撞的中年人告诉了我一个可疑情况，所以我觉得有必要请你们来协助调查。”

“什么可疑情况?”秦警官问道。

“电动自行车驾驶人好像带着个对讲机，里面说：‘老大，有警察，快跑！’这时，那人就拼命加速骑车逃跑，这才撞到了人。”陈队长说。

“啊？这句话好熟悉。”

“刚才抓捕毒贩时，我们在对讲机里听到了！”

“对对对，是一名毒贩被抓前喊的。”

三位小警察回忆起了刚才的情况。

“这么说，这个驾驶人很可能就是毒贩老大！刚才，毒贩被抓前大喊了一声，应该就是想通过对讲机提醒这个老大。”秦警官皱起了眉头。

“原来是这样啊！”陈队长说，“那可有些麻烦，刚才我们问了被撞的人，他说这里光线不好，那个驾驶人又戴着黑帽子，穿着黑衣服，根本看不清长什么样。而且，我查了一下，这是公园内部小路，没有安装监控系统。”

“啊？这可真是有些麻烦。”小宇说。

“看来，这次行动没有将毒贩一网打尽，还漏掉了一条大鱼呢！”大雄双手张开，比画着大鱼的样子。

“陈队长，那还有别的线索吗？”小妍问道。

“对了，根据被撞人说的信息，我发现这辆电动车最开始停的地方是泥地，所以应该会留下痕迹。我已经把现场保护起来了。”陈队长说。

“太好了！”秦警官赶紧从警车上取出一些工具，跟着陈队长一起来到现场。经过仔细辨认，他们从泥地上找到了电动自行车轮胎的痕迹，还有一个鞋印。

秦警官一边通过警用手机把轮胎印和鞋印的照片传到系统中进行比对，一边说道：“这个毒贩老大身高应该在175厘米左右。”

“您怎么知道？”小警察们惊讶地问。

“从这个鞋印上可以判断出，他的脚长应该是25厘米左右。一般来说，人的身高差不多是脚长的7倍。25×7=175厘米。所以，我判断他的身高应该是175厘米左右。”秦警官比画着，“就和我的身高差不多。”

“哇，这么神！”大雄佩服极了，“我又学到了一个当警察破案的新本领。”

“嘀嘀嘀。”正在这时，秦警官的警用手机亮了起来。屏幕中出现了一只穿着警服的卡通熊猫，他正是掌管智慧安防系统的警察局“虚拟局长”——熊猫局长。

“熊猫局长好！”小妍、小宇和大雄看见熊猫局长激动坏了。

“勇敢的小警察们好！”熊猫局长通过手机的摄像头也看到了大家，“刚才，警察局的数据库将你们传来的轮胎印和鞋印进行了自动比对，发现匹配的电动自行车一种、鞋子一种。但它们都非常普通，全市同样的电动自行车和鞋子有很多，所以无法提供进一步的线索。”

紧接着，屏幕中出现了一辆绿色的电动车和一双鞋子。

“谢谢熊猫局长！”秦警官把照片存在手机里，“总比没有线索好，我们慢慢查，一定能找到这条漏网之鱼。”

“对，一定要抓住这条狡猾的大鱼！”小警察们暗暗下定决心。

第十章 借钱被骗

经过一晚上的工作，小妍、小宇和大雄都有点累了。第二天，他们起来得有点晚，发现秦警官已经出去工作了。秦警官留了张字条给他们，说自己到禁毒大队去商量追捕毒贩老大的事，让实习小警察们待在派出所，协助其他警察接受报案。

三个人吃过早饭，穿好小警察服，按秦警官说的，来到派出所报案室协助工作。过了一会儿，他们发现一个小男孩探头探脑地出现在报案室门口。

“咦，快看，这不是聪聪吗?”大雄首先认出了聪聪。

“对啊，就是那个打翻墨水瓶的男孩。”小宇也认出了他。

“他在门口探头探脑的，是不是有事想找我们，又不敢进来?”小妍提议，“要不我们出去问问他吧。”

于是，三人走出了报案室。

“小警察，你们好！”聪聪有些不好意思地说，“我现在遇到大麻烦了，我觉得只有你们能帮我。”

“聪聪，快说说遇到什么麻烦了。”小妍安慰道，“我们是小警察，就是要帮助别人解决困难的。”

“我欠别人钱了。”聪聪说，“而且是很多钱！”

“欠钱？”大雄好奇地问，“你一个小孩子，借那么多钱干什么？”

“欠债还钱是应该的。”小宇想了想，说道，“如果是钱被偷了、被骗了或者被抢了，那该由警察来管；但如果是欠钱，那应该告诉爸爸妈妈，不应该由警察来管。”

“不不不，这事不能告诉爸爸妈妈！”聪聪有些紧张地说。

“那你先说说具体的情况吧。”小妍拍了拍聪聪的肩膀，“我们看看能不能帮你。”

聪聪点了点头，说起了事情的经过。原来，在聪聪家附近，前段时间开了一个电子游艺馆，里面有模拟赛车、打枪、投篮等各种游戏设备。聪聪的爸爸妈妈工作都很忙，现在又是暑假时间，所以就办了一张卡，让聪聪可以经常去玩。可过了一段时间，他就玩厌了。这时，听人介绍说，这个游艺馆里还隐藏着一个秘密大厅，里面非常好玩刺激，而且这个秘密大厅采取会员制。于是，通过老会员介绍，聪聪就顺利进去了。他发现，在秘密大厅里是要用钱买筹码才能进行游

戏的。一开始，他赢了一些筹码，后来却越输越多。没想到，这里的老板竟然提供借钱服务。一时糊涂的聪聪签了借条，借了些钱来继续买筹码。他本来打算用爸爸妈妈给的零花钱慢慢还钱，可现在发现根本还不起了。

“哎呀，你也真是的，明知爸妈给不了那么多零花钱，为什么借的时候不考虑好呢?”听了聪聪讲的过程，大雄忍不住说道。

“我借的钱其实不多，我以为用零花钱就还得起，可后来才发现，这利息实在太高了，越到后面越还不起了。”聪聪委屈地说。

“利息?”小妍问道，“利息不是应该在借钱的时候就定好的吗?为什么是后来才发现还不起的呢?”

“这个……也怪我自己太粗心了。当时就想着借到钱，赶紧再玩几把赢回来，根本没仔细想就签了借条，现在后悔也来不及了。游艺馆的人天天逼着我还钱。”聪聪说。

“聪聪，我们第一次碰到你那天，你是不是急着跑到游艺馆去啊?”小妍问道。

“就是就是。我那时候急着想去赢钱呢!”聪聪说着，从口袋里拿出一张字条，上面写着:

借　条

童聪聪向游艺馆李老板借款100元用于购买筹码，采取分期方式还款，并支付利息。具体还款方式为：借款当天还1元，第二天还2元，第三天还4元，第四天还8元……每过一天，还款额是前一天的两倍，共计十天还款结束。如到期不能按要求还清，则按照这一规则继续不断还款，直至全部还清。

“糟糕，聪聪，你上当了！”小宇一看见借条就喊了起来。

“是啊，后来我也发现上当了。”聪聪无奈地说。

“上当？”大雄看着借条说，“今天还1元，明天还2元，后天还4元，好像是没多少钱嘛。”

“哪里是没多少钱啊！”聪聪说，“我当时也是这么想的，不信你仔细算算看。”

“算算就算算。”大雄说着就算了起来：

第一天：1元

第二天：1×2=2元

第三天：2×2=4元

第四天：4×2=8元

第五天：8×2＝16元

第六天：16×2＝32元

第七天：32×2＝64元

第八天：64×2＝128元

第九天：128×2＝256元

第十天：256×2＝512元

“哇，第十天要还512元了！”大雄被自己算出的结果吓了一跳，“当时，你只借了100元，那这样就损失了512－100＝412元呢！”

“不对啊，大雄，聪聪损失的远远不止412元。”小妍提醒道，“聪聪的总还款数应该是把每天的还款数加起来。”

“对！”大雄一拍脑袋，“聪聪十天内应还的钱是1＋2＋4＋8＋16＋32＋64＋128＋256＋512＝……等等，我得慢慢算了。”

“哇，居然是1023元！”算完后，大雄吃惊地叫起来，“1023－100＝923元，聪聪你损失了923元！”

“是啊，我找他们理论，他们说这923元就是利息，借条上写得明明白白。”聪聪着急地说，“更可怕的是，我现在没还上钱，接下来还得继续还！”

“512×2＝1024元。”小宇算了算，“聪聪，接下来你还得还他们

1024元钱吧!”

“是啊，而且是今天就要还，可我哪来那么多钱啊!”聪聪急得快哭了，“游艺馆的人还告诉我，用介绍新会员的办法可以抵一部分的钱。每介绍一个人成为游艺馆秘密大厅的会员，可以抵100元的债务。”

“真是可恶!”小妍握着拳头说，“他们先是用这个办法骗钱，然后又让欠钱的人再介绍新会员，这样就可以骗更多的钱。这完全是一帮骗子嘛!”

“我们一定要想办法把他们抓起来!”大雄学着何队长的口气，“而且必须一网打尽!”

第十一章　秘密侦查

“我们把这个游艺馆的情况告诉秦叔叔吧！”大雄提议道，“让他带着我们把骗子抓起来。”

“这样好像不行。”小宇摇了摇头，“从聪聪借钱这件事来说，尽管我们知道是他们骗了聪聪，但没有足够的证据。你忘了吗？秦叔叔告诉过我们，警察办案要锁定证据链。”

“我当然记得啦！”大雄做了一个双手卡住脖子的动作，“就是要找到一连串的证据，把它们像链条一样围住坏蛋，让坏蛋没有办法找到借口逃脱。”

“可我们现在证据还不够。”小妍说，“到时候，游艺馆的李老板一定会说，聪聪借了多少钱和还钱的方式在借条上已经写得清清楚楚，当时聪聪看了以后是自愿签的字。这样的话，根本就不能认定他是骗子。”

“是啊。”聪聪也担心地说，“说不定他还倒打一耙，到我爸爸妈

妈那里告状，说我自己贪玩，既输了钱，又欠了钱，那我可就惨了。”

“等等！”这时，大雄似乎想到了什么，“聪聪，我记得你刚才说，先赢了点钱，后来就一直输钱，是吗？”

“是啊，也不知道为什么，运气会这么差。”聪聪答道。

“那和你一起在玩的人有没有赢钱的？”大雄继续问下去。

“让我想想。”聪聪低头思考了一会儿，“好像没有。大家的情况都差不多，都在输钱。”

“这里面一定有问题！”大雄肯定地说，“根据我看过的那么多侦探故事和最近当小警察的经验，这个游艺馆应该是一个有组织的诈骗团伙开的。”

“有组织的诈骗团伙？”大家都盯着大雄。

“没错。”大雄继续说道，“外面的游乐大厅只不过是一个伪装，里面的秘密大厅才是他们真正赚钱的地方。里面的游戏是骗钱的，让输了钱的人去借钱，他们就可以继续扩大骗钱金额。然后让还不起钱的人介绍其他人进去，这样就可以不断找到上当的人了。”

“有道理。”聪聪回忆起自己遇到的情况，“大人们只能看见外面游乐大厅的情况，所以就放心让孩子来玩了；而里面的秘密大厅则采用会员制，只有小孩可以进去，这样诈骗团伙就可以大胆地骗人了。

小孩子一般不敢告诉大人自己受骗了，于是他们就更可以长期地骗下去了。”

“应该就是这么回事了。”小妍仔细想了想，觉得这个推理没问题，可还是有些担心地说，“这只是我们的推理，从现在我们知道的情况看，证据还不够，根本就没法形成证据链。”

“这个嘛，我倒有个主意！”大雄神神秘秘地说出四个字，“秘密侦查。”

“秘密侦查？这在少年警校里听坦克教官介绍过，是指警察在不暴露身份的情况下秘密行动，获取证据，查清案件。”小宇说。

“那我们要怎么做?”小妍问道。

大雄压低声音，把自己的计划告诉了小宇、小妍和聪聪。

半个小时后，小妍、小宇和大雄把小警服脱下，换上了自己的衣服，跟着聪聪走进了电子游艺馆。

聪聪直接走到服务台，掏出一张会员卡，说道：“我是秘密大厅会员，今天我介绍三个朋友过来。”

“欢迎你们！”服务生接过聪聪的会员卡，核对了身份后，就为小妍、小宇和大雄分别办理了会员卡。四人通过一条秘密通道，进入了秘密大厅。

秘密大厅里真热闹，小朋友们围在一个个桌台上，玩着紧张刺激的游戏，有的高兴地大笑起来，有的气得捶着桌子喊着："哎呀，又输了！"

聪聪带着小妍、小宇和大雄来到一张红色的桌台前，轻声向他们介绍："这个桌台玩的是夺宝游戏。每次的输赢都是5个筹码，我在这里已经输了很多筹码了。"

"夺宝游戏？听名字还挺有意思的。"大雄好奇地问，"到底是怎么玩的啊？"

这时，站在桌台后面的服务生看到了聪聪，热情地招呼道："聪聪，你又来啦！怎么样，今天继续试试，说不定遇到好运气呢！"

"好啊，我也觉得今天会有好运气！"聪聪一边回答，一边朝三个小伙伴使了个眼色，让他们仔细看着。

"那我们就开始了。"服务生说着就往桌台上的一台机器上一按。

"哗啦啦。"机器倒出了一堆棋子，杂乱地铺在桌台上。

"看好了，棋子是由机器自动倒出的，数量随机变化，我也没数过有多少颗。接下来，还是老规矩，你先取棋子，我接着取，每人一次只能取1颗或者2颗，谁取到最后一颗棋子就算赢。"服务生说。

聪聪二话不说，取了1颗棋子。

服务生笑眯眯地取了2颗。

聪聪取了2颗。

服务生取了1颗。

……

最后，桌子上只剩下3颗棋子了，这时轮到聪聪取棋。如果他取1颗，那剩下2颗就是服务生的；如果他取2颗，那剩下1颗就是服务生的。无论如何，聪聪都输了。

“聪聪，看来你这次运气还是不好嘛。”服务生笑眯眯地说，“接下来，轮到我先取了，你的运气总不会这么差吧！”

说完，服务生就在机器上一按，哗啦啦又倒出了一堆棋子。

“这次，我先取2颗。”服务生边说边拿。

“那我就拿1颗。”聪聪说。

“接下来，我就拿2颗。”服务生说。

……

到了最后，还是聪聪输了。

就这样，聪聪连输了六次：“唉，真是的，今天运气还是不行。”聪聪一边叹气，一边掏出30个筹码给服务生，然后假装垂头丧气地走了。

到了一个没人注意的角落，小妍、小宇、大雄和聪聪小声讨论起来。

“你们看出什么问题了吗？”聪聪问道。

“确实有问题。第一场的时候，我数了一下，有30颗棋子，服务生让你先拿，他就可以保证赢。”大雄第一个说道，“你们看，30里面有10个3。你拿1颗，他就拿2颗；你拿2颗，他就拿1颗。这样两个人每个回合加起来都是3颗，最后一定是他赢。”

“那第二场是他先拿的，为什么我还是输了呢?”聪聪继续问道。

“正因为他先拿，所以还是他赢。”小妍答道，“这一场有20颗棋子，他取走2颗以后，刚好剩下18颗，18里面有6个3，这样又回到第一场的情况。你取1颗，他就取2颗；你取2颗，他就取1颗。其实，只要最开始他取走了2颗，后面无论你怎么取，他都能赢。”

“可是，每一场游戏的总棋子数是随机的，为什么我还会一直输?”聪聪越来越疑惑了，“莫非，这棋子……”

“是的，玄机就在棋子的数量上。”小宇说，“30、20、24、28、42、40，这就是六次棋子的数量，你们有发现什么吗?”

“噢，我知道了，第一场、第三场、第五场的棋子数都是3的倍数。”聪聪一拍自己的脑袋，“数量是3的倍数，谁先拿，谁就输了。”

“是的，再看第二、四、六场的数量，除以3都有余数，也就是都不能刚好被3整除，20÷3=6……2，28÷3=9……1，40÷3=13……1，而这三场，他刚好先拿走2颗、1颗、1颗。”小宇仔细分析道。

“原来是这样。”聪聪这才彻底搞明白，“这个游戏完全就是个骗局啊！我却还在奇怪运气怎么这么差。”

第十二章　你放我猜

破解了第一个骗局后，大雄信心大增，对聪聪说道："从这个游戏可以看出，我们之前的判断没错。这个秘密大厅里的游戏应该全是骗局。"

"现在还不能这么说。"小宇看了看四周，"这里还有许多游戏呢，我们要多看几个游戏再下判断。"

"对对对！"小妍提醒道，"聪聪，你说说看，还有哪个游戏是你经常输的?"

"经常输的?"聪聪想也不想就回答道，"除了刚才这个游戏，那就要属'你放我猜'了。"

"你放我猜?"小伙伴们瞪大了眼睛。

"走，我带你们去看看！"聪聪说着就带着大家来到了写着"你放我猜"的桌台前。只见桌台上摆了一大堆骰子，桌台两边分别坐着一个小男孩和一个服务生。小男孩正一个接一个地叠着骰子。

因为怕骰子倒下来，所以小男孩的动作特别小心，额头上不知不觉地冒出了汗珠。但奇怪的是，服务生竟然是蒙着眼睛的。桌台四周有一些小朋友紧张地围观着。

“奇怪，这个游戏是怎么玩的?”大雄十分好奇。

“这个游戏叫你放我猜。服务生不看叠骰子的过程，只看最后叠

出的样子来猜点数。要是他猜中了，叠骰子的人就要给他5个筹码。当然，没有猜中的话，他就要给叠骰子的人5个筹码。”

“猜点数?”小宇追问道，“什么点数?”

聪聪一边比画一边回答：“把骰子从下到上一个接一个地叠起来，到了最后，除了最上面一个骰子朝上的一面能看到外，其他所有骰子的上、下两面都是看不见的。而要猜的，就是这些所有看不见的面的点数之和。”

聪聪正说着，叠骰子的小男孩已经停了下来。因为之前堆太高，骰子倒了一次，所以他现在从上到下只叠了4个骰子。

“好了，我叠完了，请你猜吧。”小男孩说。

服务生扯下眼罩，装模作样地皱着眉头，朝骰子上上下下看了几遍，才慢悠悠地说：“我猜应该是25点。”

“好，那我们来算算看。”旁边的几个观众似乎比小男孩还着急，一个接一个地拿下骰子，然后把最上面那个骰子朝下的一面，还有其他所有骰子的上、下两面的点数都加起来。

“真是25！”结果一出来，大家都惊呼起来。

“唉，又输了！”小男孩不情不愿地掏出5个筹码交给服务生。

“奇怪，服务生蒙着眼睛，怎么会知道这些看不见的面上的点数是多少呢?”大雄觉得有些不可思议，“会不会是他的眼睛没有蒙好?”

“应该不会。”聪聪说，“这个我们早就想到了，所以每次有人玩这个游戏，旁边总有几个小朋友一起看着，就怕服务生耍花样。”

“这可就奇怪了。”小宇说，“难道服务生能透视这些骰子不成?”

“这样吧，我来试一把，你们在旁边仔细盯着。”小妍说着就走到了桌台前。

“咦，怎么来了个女孩子?”

“好像是新会员，以前没看见过。”

“小姐姐，你尽量多叠几个骰子，这样他就会难猜一点。”旁边的人都有些激动。

“新会员，你好啊！”服务生似乎还挺热情的，重新介绍了一遍游戏规则，然后蒙上眼睛，示意小妍开始。

小妍拿起一个骰子仔仔细细、上上下下地看了一遍，然后放在桌

台中间，接着拿起第二个骰子，又是仔仔细细地看了一遍，才开始叠上去。

“奇怪，你怎么叠得这么慢啊？”有位观众问。

“嘘——”一边站着的大雄把手指放在嘴巴上，小声提醒道，“别吵别吵，动作越慢，叠得越多。”

“对对对！”大家点了点头。

就这样，花了好长一段时间，小妍才小心翼翼地叠完了10个骰子：“完成了，请你来猜吧。”

服务生摘下眼罩，依然装模作样地看了一会儿，然后说道：“哎呀哎呀，叠了这么多啊！小姑娘可真厉害。我想想，我想想，应该是70点吧，也不知道对不对。”

观众们赶紧一个一个拿下骰子算了起来，最后发现服务生猜错了。

“哈哈，是67点！”

“已经大半天没人赢了。”

“看来，叠得多，赢的可能性就大。”

小观众们议论起来。

趁着大家在议论，四个小伙伴悄悄地又躲到角落里商量起来。

聪聪首先说道："小妍，你好厉害啊，好像好久没人赢了。"

"我有什么厉害的。"小妍说，"我已经发现了，这个游戏也是个骗局。服务生想赢的话可以一直赢下去。"

"你发现了什么秘密?"大雄急忙问道。

"刚才我仔细观察了每一个骰子，发现每个骰子六个面上的点数是有规律的，1和6相对，2和5相对，3和4相对。"

"我明白了!"小宇马上反应过来，"1+6=7，2+5=7，3+4=7。也就是说，相对的两个面，点数加起来一定是7。"

"噢，难怪了，服务生一看最后叠成的样子就能猜出来。"大雄也明白了，"刚才，小男孩共叠了4个骰子，这些骰子上、下两面点数加起来应该是4×7=28。而最上面的点数是3，那所有看不见的面的点数加起来就是28-3=25。"

"哈哈，那小妍姐姐叠的，我也能猜出来。"聪聪激动地说道，"10×7-3=67。"

"我估计他就是故意让我赢的。"小妍说，"因为他知道我是新会员，就像聪聪刚开始一样。新会员总能先赢一点，这样才能被吸引

住，一直玩下去。”

“果然又是个骗局！”聪聪气呼呼地说，“害我输了那么多。”

“聪聪，你放心吧，我们回去后就告诉秦警官，把这些骗子都抓起来。”小妍拍了拍聪聪的肩膀。

“对，不能让别的小朋友再受骗了！”大雄握着拳头坚定地说。

第十三章　火力侦察

经过大半天时间，小妍、小宇、大雄和聪聪一起把游戏骗局一个接一个地都破解了。

“现在，我终于知道了，这里面的游戏全是骗人的。难怪我输了那么多。”聪聪提议道，“我们赶紧出去，把这里发生的事都告诉警察叔叔吧！”

“我觉得还不行。”大雄说，“我们要把这里的情况全部摸清楚再回去。”

“大雄说得对。”小宇赞同地说，“按照我们在少年警校里学到的，想要把这个专门诈骗小孩子的团伙一网打尽，必须先制订一个抓捕方案。”

“但在制订抓捕方案前，一定要把这里面的情况全部摸清。”小妍补充道。

“摸清情况？”聪聪有点不明白，“我们不是已经把骗局都破解了

吗？还要摸清什么情况？”

“那可多着呢！”大雄解释道，“这里是不允许大人进来的，连小孩子也要先成为会员才能进来。那警察叔叔一出现，这里面的坏蛋就会发现他们了。而且，我发现这里入口的大门，是由里面的人把守的，警察叔叔从外面该怎么冲进来才不会打草惊蛇呢？还有，我们只看到桌台上有一些服务生，但还不知道老板在哪里，到时候怎么把他们一网打尽呢？”

“原来抓坏蛋这么不容易啊！”聪聪佩服地看着大雄，“大雄哥，你们懂的还真不少。噢，对了，我知道老板在哪里。上次我向他借钱的时候，就在他办公室里写的借条。”

“老板在办公室？”大雄很快有了主意，“我们去见见这个老板，来个火力侦察怎么样？”

“火力侦察？”小伙伴们都不知道大雄葫芦里卖的是什么药。

“看我的吧！”大雄嘿嘿笑着说。

大家快速商量之后，就由聪聪带着来到了老板办公室。只见老板穿着一件衬衫，戴着眼镜，身形偏瘦。

“老板，我爸妈现在给的零花钱不多，我欠的钱能不能少还一点？”聪聪对老板说。

“聪聪啊，你这样我也很为难，毕竟借条上白纸黑字写得清清楚楚，谁也不能反悔啊。”老板假装无奈地摊了摊手，“不过呢，我也不是不能帮你。你今天一下子介绍了三个新会员，这就很好嘛！这样吧，以后你再介绍新会员来，我可以把给你减免的钱翻倍，怎么样？”

大雄摆出一副难以置信的表情，说道：“真的吗，老板？我还有一些同学也很喜欢玩游戏，我和聪聪去找他们来。”

“当然可以。”老板看了看大雄，“你尽管介绍新会员进来！”

这时，按照大家商量好的，小妍假装担心地说：“可是，老板，我爸爸妈妈不让我玩游戏，我怕他们来这里找我。要是被爸爸妈妈知道了，同学们肯定都不来了。”

“哈哈，小朋友，这个你大可放心。”老板得意地说，“这里是秘密大厅，大人们可进不来。如果爸爸妈妈到外面的大厅里找人，我从监控系统里就能看见他们。至于通向这个秘密大厅的大门，它只能从里面打开，而且我们还设了密码，让专人看管着。所以，爸爸妈妈根本不可能找到你们，等他们走了，你们再出去，不就行了吗？”

“那就好！”小宇假装放下心来的样子，“那我们赶紧回去，多找几个同学来。”

“哈哈，非常欢迎！”老板开心地拍了拍手。

四个小伙伴走出老板的办公室，来到秘密大厅入口处，发现果然有一个服务生守在那里。

看见几个小朋友要出去，服务生就在一个密码盘上操作了起来。不过，他的动作似乎很小心，左手一直遮挡在右手上面，旁边的人根本看不清他操作密码的手势。

“糟糕，这可不行！”大雄在心里暗自叫了一声。

他本想趁出门的时候，看清楚开门密码，可现在看来显然是不行了。他灵机一动，故意朝服务生喊道：“叔叔，你可一定要守好这个门呀！”

服务生一听，马上停下了手上的动作，回过头好奇

地问道："为什么呀?"

"因为我们的爸爸妈妈不让我们玩游戏。刚才老板说，派你守在这儿，爸爸妈妈一定进不来，你说对吗?"大雄说。

"哈哈，那当然!"服务生笑着说，"放心吧，我们早就为你们考虑到了。这扇门只能从里面打开，而且还需要使用手势密码，绝对保证安全!"

"手势密码?"大伙儿仔细看了看密码盘，发现上面没有数字，只有9个圆点，其中1个是实心的，8个是空心的。

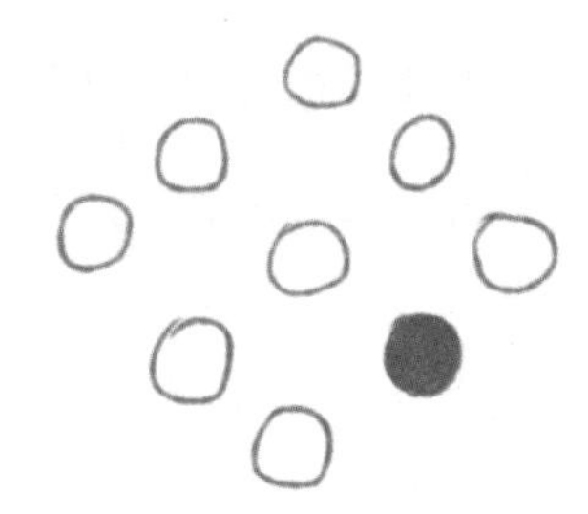

"到底是什么样的手势密码呀?"小宇试探地问道。

"老板说了，这是秘密，不能告诉外人。"服务生紧张地说。

"啊，外人? 我们都是会员，怎么能说是外人呢。"大雄抗议道。

"就是。"小妍附和道，"我们已经和老板说好了，要介绍好多同学来玩呢。如果不能确保安全，别的同学哪还敢来啊!"

"这个嘛……"服务生想了想，说道，"按照规定，我不能告诉你

们手势密码，但是，我可以给你们透露一点点。这个密码非常难破解，要从实心圆点开始，不间断地画4条线，连接起所有圆点，而且最后一笔一定要朝上画。怎么样，密码够复杂吧？所以，你们就放心吧，看见你们来了，我立马开门。要是你们的爸爸妈妈来了，我一定不开门，嘿嘿。”

“那就好，我们得赶紧回去找同学了。”大雄示意大家赶紧离开。

一走出游艺馆，大家就商量了起来。

从实心圆点出发，4条线段，连续不断，连接起所有圆点，最后一笔向上。能同时满足这五个条件的手势密码到底是什么呢？

“我觉得，要用4条线把这9个圆点都连起来，好像不太可能。”聪聪说。

“咦，这样对不对？”大雄比画起来。

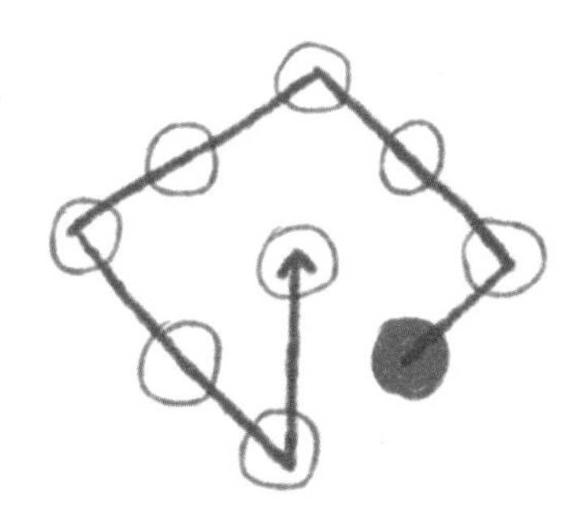

“其他条件全部满足了，可惜还差一个条件。这样不是4条线，是

5条线。”小妍看了看说。

“等等，我好像有主意了。”小宇说，“这9个点组成的是正方形。如果我们想着，画的线一定要在正方形里面，那肯定是不行的。所以，我们可以试着把线画到外面去。”

“画到外面去?”大雄想了想，忽然一拍脑袋，“大家看看，这样行不行?”

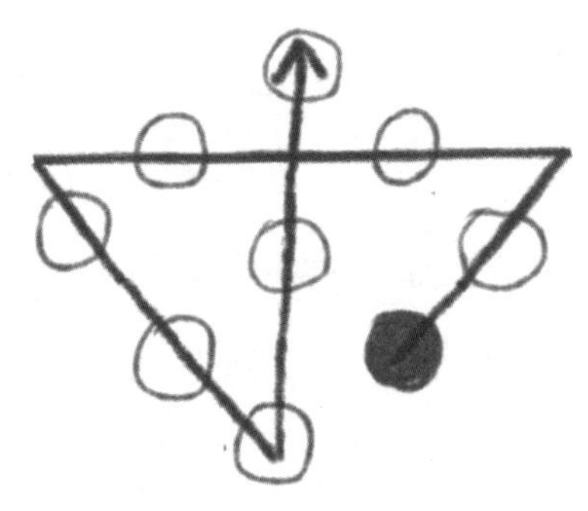

“哇，果然是4条线！所有的条件都满足了。”聪聪开心地说。

“好，现在所有情况都摸清了。”大雄伸出双手，比画出一张大网的样子，“我们快回去找秦警官，把这帮骗子一网打尽!”

第十四章　里应外合

回到祥福派出所后，小警察们把秘密侦查发现的情况全部告诉了秦警官。秦警官听完后立即向警察局报告了情况。

很快，市警察局决定由刑侦大队、祥福派出所和少年警校共同组成联合专案组负责本次的行动。刑侦大队吴队长担任专案组组长，秦警官和坦克教官担任副组长。数学小警察夏令营的学员们也全部参加专案组的行动。小妍、小宇、大雄与白翔、花朵朵、木美美、贝儿等同学们会合，大家都兴奋极了。

“各位专案组成员，我们这次要抓捕的是一个专门欺骗小孩子的诈骗犯罪集团，行动代号‘天网’。”吴队长说。

“天网恢恢，疏而不漏！”

“一定要把他们一网打尽！”

大家都十分激动。

吴队长点了点头，继续说：“首先非常感谢小妍、小宇、大雄和聪聪，他们通过秘密侦查，摸清了电子游艺馆里面的情况。根据他们提供的情报，我们制订了周密的抓捕方案。同时，也要感谢所有的实习小警察，因为在今天的抓捕行动中，小警察们将承担一个重要的任务。”

“保证完成任务！”小警察们齐刷刷地敬了个礼。

这时，坦克教官上前一步说道：“下面，我讲一下具体的任务。由于秘密大厅只能让小孩子进去，所以这次抓捕行动，我们采取里应外合、兵分三路的办法。第一路，小警察们假装成玩游戏的会员，潜入秘密大厅，暗中观察动向，并完成打开大门的任务；第二路，我和秦警官带队，穿便衣装扮成来找孩子的家长，趁机靠近秘密大厅入口处；第三路，由吴队长带队，埋伏在游艺馆外。下午四点，第一路准时从里面打开大门，第二路和第三路同时往里冲，最后里应外合，一网打尽！”

“这是你们第一次正式执行抓捕任务，一定要注意自身安全！”秦警官提醒道。

“那可不是第一次，”大雄自豪地说，“我们有些人已经参加过追狐行动，抓到过大盗了。”

白翔也不甘示弱地说：“放心吧，我们在少年警校已经学了很多本领了，绝对没问题。”

“好的。”吴队长看了看大家，“你们的书包里藏了警用装备，待会儿一起背进去。记住，你们的任务，不仅要保护好自己，还要保护好其他在里面玩的小朋友。现在三路人员各自商量一下，下午三点钟，全体准时出发！”

“是！”大家异口同声地说道。

经过认真的准备，“天网”行动正式开始。小警察们各自穿着漂亮的衣服，背着书包有说有笑地来到了游艺馆。小妍、小宇和大雄介绍其他人成为新会员后，大家一起成功地进入了秘密大厅。按照分工，小警察们分成两至三人一组，围住一个桌台，观察服务生的动向。大雄和白翔作为最强壮的两个小警察，负责盯着老板的办公室，而小妍、小宇和花朵朵三人则负责打开秘密大厅入口处的大门。

墙上挂着的大钟指向下午3点55分，小妍和花朵朵在大门边假装争吵了起来。

“你还欠我20个筹码呢！”

“不会吧，我已经还给你了呀！”

“没有啊，你不要赖皮！”

“你才赖皮呢！”

“你才赖皮呢！”

趁着守门的服务生的注意力被小妍和花朵朵吸引过去，小宇从旁边快速蹿到服务生身后，唰唰唰地在密码盘上画出了4条线。

“叮——”秘密大厅的大门果然打开了。站在外面装扮成家长模样的第二路警察呼的一下子全冲了进来。穿着警服的第三路警察也从游艺馆大门外往里冲。

“我们是警察，所有人不许动！”第一个冲进秘密大厅的坦克教官大喊一声。

“有警察！”坏蛋们吓得魂飞魄散。有几个服务生想逃跑，可守在旁边的小警察们早已做好了准备，拿出辣椒水朝他们脸上猛地一喷。

“哎哟，什么东西？好辣啊！”想逃跑的服务生都倒在地上叫了起来。

而此时，在办公室里的老板发现情况不对，立刻猛按桌子上的一个按钮。只见地上居然出现了一个大洞，他的椅子直接往后一滑，他就像坐滑滑梯一样溜进了洞里。

“糟糕，有秘密通道！”

“老板要逃跑！”大雄和白翔像两支箭一样射进了办公室，一前一后跳进了洞里。

“呼——”两个人顺着一条黑暗的坡道滑下去，摔进了一个仓库。老板从仓库里拿起一个包背在身上，然后骑上一辆电动自行车，飞快地向仓库外冲。两个人继续追赶，沿着一条通道追到了地面上，他们发现自己来到了云河公园的内部道路。这时，坦克教官和秦警官也追了上来。然而大家只看到老板的背影，却无法追上他。

“怎么办?”大雄紧张地问道。

“我们跑得再快也追不上他的车啊!”白翔擦了擦头上的汗说。

“有办法!”秦警官拿出对讲机呼叫道，“报告吴队长，一号嫌疑人骑绿色电动自行车，穿灰色上衣，背黑色背包，从云河公园内部道路逃跑，请协助拦截。”

“收到!”对讲机里传来吴队长的声音，“云河公园周边所有监控探头自动比对嫌疑人，所有路口的交警请注意观察和拦截，云河公园门口岗亭请立即封锁出口。”

“监控室收到!”

“交警大队收到!”

“云河公园岗亭收到!”

对讲机里传来一连串应答的声音。

“这回看他往哪里跑!”坦克教官一挥手，“现在外围已经封锁了，我们只要在公园里搜索他就可以了。现在，你们跟在我和秦警官后面，采用警校里学过的搜索队形前进。”

“是!”大雄和白翔大声答道。这时，小妍、小宇和其他几个小警察也从后面追上来了。

大家向老板逃跑的方向搜索了一会儿，发现从前方树林里走出来一个老大爷。他驼着背，穿着一件宽松的衣服，慢吞吞地从对面走来。

“大爷，请问您有没有看见一个骑电动自行车的人?”白翔问老大爷。

“有啊。”老大爷眯着眼睛朝后面指了指，“骑得可快啦，差点把我这老头子给撞了。你们看，他就朝这个方向去了。”说完，他继续朝小警察的后面慢吞吞地走去。

正在这时，秦警官的对讲机里传来了吴队长的声音：“各小组注意，刚刚在游艺馆老板的电脑里，发现了毒品相关的情报。经过禁毒大队比对，发现与前段时间发生的毒品交易有关。”

大雄一听到这里，脑袋中突然灵光一闪。他回过头朝老大爷一看，立马大喊了起来：“就是他，快抓住他!”

老大爷一听到大雄的喊声，立刻撒开腿就跑，那速度简直比兔子

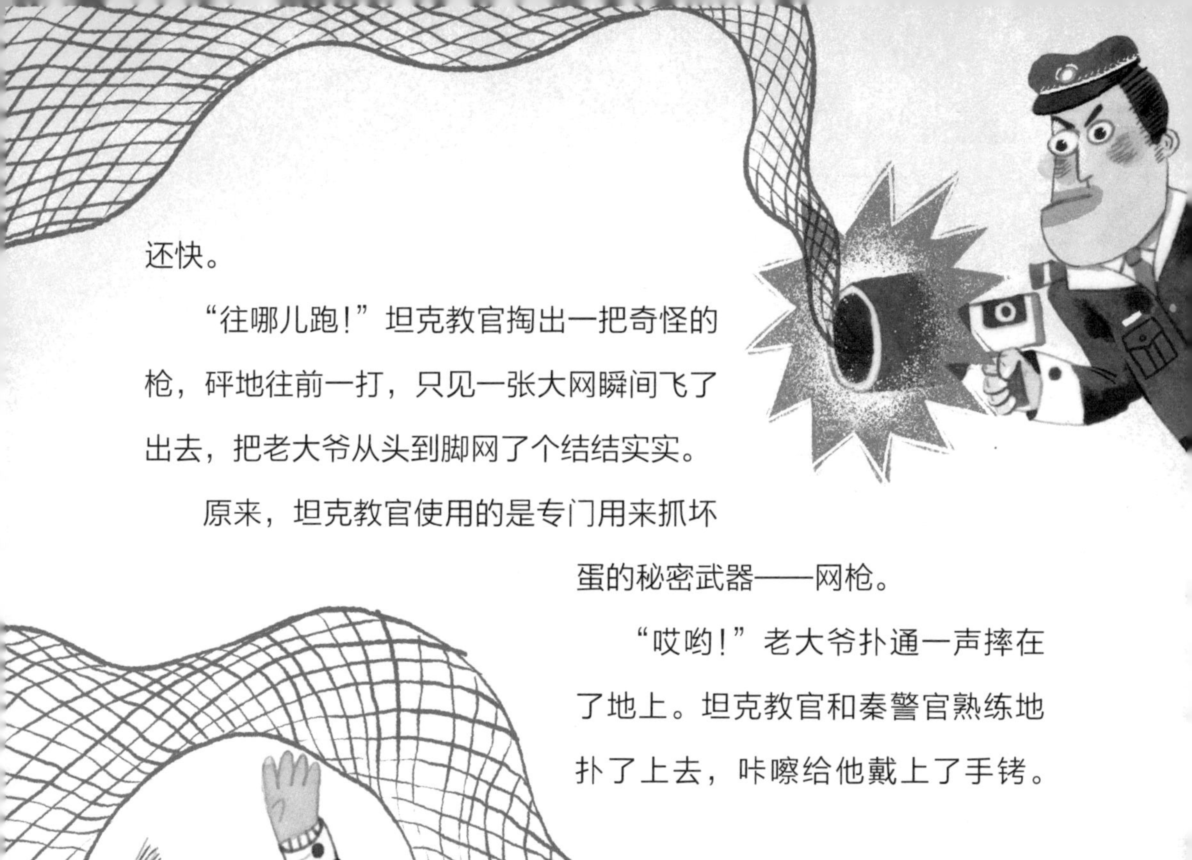

还快。

“往哪儿跑！”坦克教官掏出一把奇怪的枪，砰地往前一打，只见一张大网瞬间飞了出去，把老大爷从头到脚网了个结结实实。

原来，坦克教官使用的是专门用来抓坏蛋的秘密武器——网枪。

“哎哟！”老大爷扑通一声摔在了地上。坦克教官和秦警官熟练地扑了上去，咔嚓给他戴上了手铐。

原来，这个老大爷是游艺馆老板乔装打扮的，连他的驼背都是假的。宽松衣服里其实藏着一个背包，包里还藏着毒品和钱呢。

“大雄，你怎么知道这个老大爷是假的?”白翔很好奇地问。

“上次逃跑的毒贩老大，骑绿色电动自行车，穿黑色鞋子，身高 175 厘米左右。我刚才仔细观察了一下，发现他穿的鞋子和熊猫局长比对出来的一模一样。而且，他的身高和秦警官差不多，就是 175 厘米左右。所以，我判断毒贩老大、游艺馆老板，还有这个老大爷都是同一个人。”

“哇，超警侠，你真是超级厉害啊！”小伙伴们都竖起了大拇指，这回，连白翔都对大雄佩服得五体投地。

“天网”行动圆满落幕，一个贩毒、诈骗犯罪集团被一网打尽。

几天后，隆重的表彰大会在市少年警校举行。马大雄、夏小宇、严小妍、白翔、花朵朵、木美美、贝儿和其他参加数学小警察夏令营的学员们一起，穿着笔挺的警服、戴着帅气的警帽，整齐地上台排好队伍。在台下坐着的是坦克教官、玫瑰教官、秦警官，还有来自刑侦大队、禁毒大队、交警大队、派出所的警察叔叔和阿姨们。

台前的大屏幕中，熊猫局长高兴地宣布：“在数学小警察夏令营活动中，所有学员都表现优异。大家在‘天网’行动中立了大功，将犯罪集团一网打尽。现在，我代表市警察局宣布，为所有学员授予‘小警察’勋章。从今天起，你们将拥有警察职权，和警察叔叔阿姨们一起为维护正义、维护平安而战斗！”

“太棒了！”掌声、欢呼声淹没了整个会场。

从此，数学小警察们的英雄故事，在城市中不断上演、不断流传。

知识点提要

章节	故事内容	数学知识点	星级难度
第一章	魔鬼罗盘	可能性	★★★
第二章	快速穿越	逻辑推理	★★
第三章	屁股被揍	100以内数的加减法	★★
第四章	秘密武器	观察物体	★★★
第五章	穿新衣服	逻辑推理	★★★
第六章	公平公正	植树问题	★★★
第七章	上街巡逻	数字谜	★★★
第八章	有大任务	数字谜	★★★
第九章	漏网之鱼	身体中的比例	★★
第十章	借钱被骗	成倍增长问题	★★★
第十一章	秘密侦查	取棋问题	★★★
第十二章	你放我猜	骰子的秘密	★★★
第十三章	火力侦察	巧画图形	★★★
第十四章	里应外合	逻辑推理	★★

图书在版编目（CIP）数据

一网打尽/许霜霜，吴剑著. —杭州：浙江少年儿童出版社，2021.5
（数学小警察）
ISBN 978-7-5597-2391-8

Ⅰ.①一… Ⅱ.①许… ②吴… Ⅲ.①数学一少儿读物 Ⅳ.①O1-49

中国版本图书馆 CIP 数据核字(2021)第 058319 号

责任编辑 朱振薇
美术编辑 赵　琳
内文插图 赵光宇
装帧设计 辰辰星
责任校对 苏足其
责任印制 王　振

数学小警察

一网打尽

YIWANG-DAJIN

许霜霜　吴剑/著

浙江少年儿童出版社出版发行
（杭州市天目山路 40 号）
浙江全能工艺美术印刷有限公司印刷　全国各地新华书店经销
开本 710mm×1000mm　1/16　印张 7.25
字数 60500　印数 1—10000
2021 年 5 月第 1 版　2021 年 5 月第 1 次印刷

ISBN 978-7-5597-2391-8　定价：29.00 元

（如有印装质量问题，影响阅读，请与购买书店联系调换）
承印厂联系电话：0571-89080268